L'HYPOTHÈSE K.

DU MÊME AUTEUR

Big Bang et au-delà : balade en cosmologie, Dunod, coll. « Quai des sciences », 2013.

Des univers multiples : à l'aube d'une nouvelle cosmologie, Dunod, coll. « Quai des sciences », 2014.

De la vérité dans les sciences, Dunod, 2016.

Au cœur des trous noirs, Dunod, 2017.

Chaos multiples : Derrida et Goodman face à l'ordre et à l'un, Galilée, 2017.

Variations sur l'animal central : essai poétique et philosophique, avec Véronique Bergen et Mathieu Brosseau, La Lettre Volée, 2018.

L'animal est-il un homme comme les autres ? : les droits des animaux en question, avec Louis Schweitzer, Dunod, 2018.

Le plus grand défi de l'histoire de l'humanité : Face à la catastrophe écologique et sociale, Michel Lafon, 2019.

Météorites : Poésie, Michel Lafon, 2020.

Il faut une révolution politique, poétique et philosophique : Entretien par Carole Guilbaud, Zulma, coll. « Les Apuléennes », 2022.

Anomalies cosmiques : La science face à l'étrange, Dunod, 2022.

AURÉLIEN BARRAU

L'HYPOTHÈSE K.

La science face à la catastrophe écologique

BERNARD GRASSET
PARIS

Collection dirigée par Mathieu Vidard

Photo de la bande : T. Chassepoux

ISBN 978-2-246-83714-5

AVERTISSEMENT

Certains lecteurs trouveront ce petit essai trop laudatif, tolérant ou laxiste envers la science. D'autres, au contraire, ne manqueront pas de le juger accusateur. Et la question se posera inévitablement : dans quel camp l'auteur est-il donc ? L'enjeu n'est évidemment pas celui-là. Il ne s'agit pas de mener le procès de la science ou d'en produire un nouvel éloge – sa magnificence ne fait pas même question. Je n'ai souhaité, dans ce bref texte, que réfléchir, aussi honnêtement que possible, dans une démarche d'humilité et d'autocritique assumée, au rôle que la communauté scientifique pourrait jouer face au plus grand défi de notre histoire. Sans complaisance ni amertume. Avec une passion non dissimulée pour la physique théorique et ses ramifications.

La science n'est pas ici abordée dans toutes ses dimensions mais uniquement du point de vue de son rapport à la catastrophe écologique. Le prisme est mince et déjà bien trop vaste pourtant.

Qu'il soit parfaitement clair que je ne souhaite d'aucune manière « donner des leçons » et moins encore « cracher dans la soupe ». Si ce texte évoque des erreurs et des errances chez les praticiens et praticiennes, c'est bien sûr aussi – et parfois même surtout – à moi-même que ces reproches sont adressés. J'ai, ces dernières années, émis de sérieuses réserves sur nos orientations sociétales globales : il me semblait aujourd'hui indispensable de porter la réflexion vers mon propre champ disciplinaire. Sans quoi la posture eût été, pour le moins, arrogante.

Penser, c'est toujours penser contre soi.

Aucune lecture de cet essai ne serait plus erronée ou malveillante que celle concluant que l'auteur n'aime donc pas la science. C'est, tout à l'inverse, par amour profond et sincère de cette dernière qu'une tentative de refondation poétique est ici esquissée. En tant que chercheur, en tant qu'astrophysicien, en tant que professeur d'université, une sorte d'« idolâtrie » inconditionnelle des sciences est attendue de moi. Ce serait confortable. Simple. Mais un peu vulgaire, aussi. En réalité, Nietzsche l'a écrit plus d'une fois : aimer ainsi, c'est bien mal aimer.

Critiquer la science, c'est lui faire l'honneur de ne pas l'extraire du monde qui la produit et qu'elle façonne. Avec une efficacité sans équivoque.

Les références bibliographiques sont volontairement limitées et lacunaires. La littérature académique sur l'effondrement écologique étant profuse, il n'y aurait aucun sens à viser l'exhaustivité. Les arguments ne sont jamais basés sur les seuls articles mentionnés, ces derniers ne valent qu'à titre d'exemple.

Le style des pages qui viennent est inhomogène. Non pas pour tenter d'illustrer, par l'écriture, le poétique qui est par ailleurs appelé. Ce serait vain et presque grotesque. Mais plutôt parce que se priver des langues multiples cachées au cœur de la langue se révélerait bien pire encore, comme une autocontradiction.

Voilà qui, sans doute, ne manquera pas de brouiller les pistes. Mais ce qui doit être dit, je ne sais l'exprimer autrement.

L'essentiel de ce petit livre ne concerne évidemment pas seulement les acteurs et actrices de la science. Bien au contraire, il esquisse un projet civilisationnel. Le chapitre « L'évident » est néanmoins en partie destiné aux chercheurs et chercheuses. Il contient quelques remarques superficielles sur les pratiques scientifiques qu'il était impossible d'omettre. Et qui, par ricochet, pourraient aussi s'avérer pertinentes hors champ.

Je remercie mes collègues – parfois lauréats du prix Nobel ou de la médaille Fields, directeurs d'institut du CNRS ou membres des équipes présidentielles d'universités, parfois élèves ou stagiaires de première année – ayant relu ce manuscrit pour m'avoir aidé à l'améliorer et, surtout, encouragé à le rendre public.

Comme toutes mes interventions et essais sur cette thématique, ce petit ouvrage ne donne que mon avis de citoyen engagé et aucunement celui des institutions de recherche ou d'enseignement auxquelles je suis rattaché.

(La syntaxe dégenrée n'est certainement pas le remède miracle aux inégalités hommes-femmes ! Au mieux, elle relève de l'infime. Quel sens y aurait-il, néanmoins, à refuser ce si mince pas de côté s'il déporte dans une direction souhaitable ? Je tente donc d'y recourir mais, afin d'éviter l'inélégance du mode purement inclusif, je me tourne plutôt, ici et là, vers des accords de genre erratiques et arbitraires.)

« Michel-Ange exténué, j'ai taillé dans la vie
Mais la beauté, Seigneur, toujours je l'ai servie. »

Jean GENET

INTRODUCTION

Ni un drame écologique, ni une crise climatique, ni un délitement social : une catastrophe civilisationnelle. Voilà où nous en sommes. Un effondrement de la vie et une perte du sens. Le premier étant, en partie, une conséquence de la seconde.

Le rôle que la science peut et doit jouer dans cette situation sans précédent est immense. À la démesure de sa responsabilité.

Mais peut-être ce rôle n'est-il pas prioritairement celui auquel nous songerions spontanément. Bien sûr, la science est un magnifique outil constatif et performatif. Elle aide à comprendre et à affronter le monde. À le refaçonner parfois. Elle est précise, prédictive et opérante.

Ce petit essai dit autre chose, pourtant : la science devrait aussi et surtout se faire arme de subversion massive. Dispositif ou instrument d'extraction radicale. Avec insolence et bienveillance.

Si donc la science a quelque chose d'important à proposer, cela ne concerne ni les moyens d'équilibrer un bilan carbone, ni les astuces pour améliorer l'efficacité énergétique. Très loin du technosolutionnisme, cela ne peut – à l'extrême inverse – que concerner un renouveau poétique et ontologique. Redéfinir le réel. Voilà qui est autrement plus grisant, exaltant et enivrant que d'inventer des batteries prétendument durables ! Et, surtout, extraordinairement plus *utile*.

Autrement dit : la science est sur la brèche. Face au massacre, elle oscille entre complicité et adversité. Peut-être, c'est l'hypothèse ici soutenue, la posture la plus signifiante et la plus révolutionnaire qu'elle puisse adopter consiste-t-elle précisément à renouer avec son essence. À oser n'être plus un outil de suraffirmation systémique mais, au contraire, à désirer devenir une machine de déraillement face aux attendus et aux inerties.

Ce serait, pour un temps, essentiellement la même science. Mais pratiquée et reçue avec une *tout autre* attente. Loin du plaire et du produire. En porosité à l'inouï. En invite à l'extraire. User de l'exceptionnalité de la situation pour réinventer un geste à peine esquissé.

Cantonner la science à la recherche de « solutions », c'est manquer à la fois d'imagination et d'ambition. C'est non seulement rater sa véritable singularité mais aussi oublier que le prétendu « problème » auquel nous faisons face n'est à ce jour ni compris ni pensé. Sans questionner les implicites, les valeurs, les désirs et les symboles, aucun espoir sérieux n'est évidemment permis.

Bien sûr, bien sûr…

L'état de la vie sur Terre est catastrophique. Le terme relève de l'euphémisme. De la litote, presque du truisme.

Afin que ce constat, sans appel, soit enfin acté comme une vérité et non comme une croyance, l'invitation au geste – pour ne pas dire à la méthode – scientifique est utile et bienvenue.

Ces assertions péremptoires pourraient légitimement étonner. Au sens philosophique, il serait important de tempérer ces certitudes. D'une part, superficiellement, parce que les conclusions scientifiques ne sont jamais certaines et demeurent, au mieux, vraisemblables ou probables. D'autre part, et plus profondément, parce que la science ne constitue qu'un frayage, parmi d'autres possibles, dans la matière-monde. Elle est un système symbolique remarquable mais bien éloigné d'un accès direct et univoque à la Vérité du réel. Les oppositions un peu trop rapides entre croire et savoir sont toujours naïves et parfois violentes. La frontière est effectivement poreuse, mouvante et mal définie. D'autant que le croire n'est pas même nécessairement synonyme d'erreur ou d'errance…

Il n'en demeure pas moins que la problématique qui nous intéresse ici échappe largement à ces réserves, par ailleurs opportunes dans les situations subtiles. Le cas de l'effondrement de la vie sur Terre est à peu près aussi clair et incontestable que la rotondité de notre planète. Or, concernant cette dernière, chacun conviendra que les nuances sont de peu d'intérêt scientifique et, surtout, de faible honnêteté épistémique. Ce qui pourrait encore s'exprimer ainsi : bien qu'il soit, en principe, toujours justifié de demeurer suspicieux – voire inquiet – face aux assertions trop tranchantes ou catégoriques d'une rationalité sûre d'elle-même, nous nous trouvons, pour ce qui relève du sujet de cet essai, dans une situation où le doute tiendrait de l'imposture, voire de la malveillance, et non pas de la précision ou du scrupule. Aucun système cohérent ne peut s'accommoder d'une Terre plate ou d'une réfutation de la catastrophe écologique. Il s'agit de cas d'école.

Toutes les études sérieuses le montrent : les populations animales s'effondrent[1], les végétaux sont en stress extrême, les fonds marins et leurs écosystèmes sont dévastés, les feux ravageurs se répandent partout dans le monde, un million d'espèces sont menacées d'extinction[2], les émissions industrielles impactent fortement la vie humaine, nous assistons à – ou plus exactement nous engendrons – un « anéantissement biologique » global. Les mots sont lourds mais précis[3].

La science fiabilise le constat et souligne que le drame plurifactoriel qui se joue actuellement ne fait plus question.

La science permet, en effet, d'esquiver beaucoup de pièges simplistes. Elle conduit, par exemple, à comprendre que le réchauffement climatique jouera inévitablement un rôle cardinal dans nos devenirs[4]. Elle souligne que plus que les valeurs moyennes, ce sont les fluctuations qui importent et qui détruisent, que l'ensemble de la biosphère – y compris donc les humains qui ne constituent qu'une espèce parmi tant d'autres – sera drastiquement impacté.

Mais la science permet aussi de découvrir que le réchauffement climatique n'est qu'une (petite) partie du problème. Non seulement parce qu'il est une conséquence plus qu'une cause de notre système de transformation du réel en déchet, mais aussi parce que d'autres processus, tout aussi inquiétants, se dévoilent simultanément : acidification des océans, pollution, interruption des cycles biogéochimiques, stérilisation des sols, atrophie des espaces de vie, introduction d'espèce invasives… Se surfocaliser sur le réchauffement n'est qu'une manière de se rassurer en choisissant le problème le plus simple à contrecarrer. Quoique nous ne soyons pas au début d'un embryon de réelle mobilisation sur ce point. En réalité, la crise est fondamentalement systémique.

La science produit des énoncés quantitatifs qui dépassent le simple ressenti de chacun : régime d'intersubjectivité forte. Environ les deux tiers des insectes[5], des mammifères sauvages[6] et des arbres[7] ont disparu en, respectivement, quelques années, quelques décennies et quelques millénaires. Les incertitudes sont importantes et les études demeurent lacunaires mais l'ordre de grandeur est certainement correct. L'effondrement n'est pas « pour demain » mais déjà largement en cours.

Il est aisé et important de comprendre – grâce à la physique – que les temps d'épuration du dioxyde de carbone sont si élevés que, du point de vue de l'humanité, ils peuvent être considérés comme pratiquement infinis. Autrement dit : ce qui a été émis est « définitivement » présent. Il n'y aura pas de retour en arrière possible lorsque l'évidence de l'aberration sera intégrée par toutes et tous. Cette même physique permet également de cerner l'importante non-linéarité de ces phénomènes. Une cause deux fois plus élevée peut avoir des effets cent ou mille fois plus conséquents. Il s'ensuit que les anticipations naïves se révèlent souvent extraordinairement sous-estimées.

Les chiffres rassurent. Non en cela que ce qu'ils énoncent serait réconfortant, tout au contraire, mais en ceci qu'ils semblent – à tort ou à raison – relever d'une objectivité lisse. Le fait est pourtant que les chiffres n'en finissent pas de montrer les prémices d'une nouvelle extinction massive. Dans toutes les directions, ils soulignent l'emballement du phénomène d'éradication quasi systématique des êtres vivants. Des milliards d'oiseaux manquants en Amérique et en Europe[8] ; des centaines de milliers d'humains victimes – chaque année – de la pollution[9] ; des dizaines d'hectares de forêts rasés chaque minute dans les zones tropicales[10] ; un taux d'extinction des espèces sans doute plus de mille fois supérieur à la normale[11] ; des millions de tonnes de déchets produits chaque jour… La liste pourrait emplir des livres. Vraisemblablement des bibliothèques.

Les particules fines ont engendré un abaissement de plus de deux années de l'espérance de vie humaine mondiale[12]. Les incendies dévastateurs qui se développent sur un continent altèrent la qualité de l'air à l'autre bout de la planète[13]. L'eau de pluie est impropre à la consommation[14]. Toute l'Europe est contaminée aux « polluants éternels »[15]. L'analyse rationnelle-factuelle de l'effondrement en cours est sans appel. Nécessaire et lumineuse autant que terrifiante.

Sur les neuf limites planétaires définies en 2009, six ont été à ce jour franchies[16]. Le pompage des eaux souterraines a déplacé l'axe de rotation de la Terre[17]. De nombreux seuils de relaxations sont d'ores et déjà dépassés. Ces derniers correspondent à des situations que la science modélise très bien et pour lesquelles mettre fin à ce qui déstabilise ne permet même plus de revenir à l'état antérieur. À l'instar d'une branche qui peut être légèrement déformée mais qui, après avoir cassé, ne reprendra en aucun cas sa position initiale, même si la contrainte s'évanouit. Pire, il est possible, voire probable, que le système considéré – en l'occurrence la biosphère – évolue vers un nouvel état d'équilibre, extrêmement différent du précédent. Ce qui constitue une perspective plus qu'inquiétante pour qui vivait dans le régime initial.

Le très sérieux rapport du MIT de 1972 posait de façon limpide la conclusion scientifique la plus élémentaire et la plus définitive[18] : les courbes des prélèvements se trouvent au-dessus de celles des ressources écosystémiques. La situation ne *peut pas* durer. Et plus le rattrapage sera tardif, plus il sera violent.

Les processus réplicatifs sont souvent caractérisés par une augmentation de la grandeur considérée proportionnelle à la valeur de celle-ci. C'est une situation banale. Or, les mathématiques nous montrent qu'elle conduit inévitablement à une croissance exponentielle. C'est-à-dire rapide. Très rapide. Trop rapide.

Une sorte d'instabilité qui mène quasi inéluctablement au *crash* du système considéré. Une telle analyse permet de comprendre que dès lors qu'une divergence exponentielle se profile – et notre monde en regorge –, modifier les normalisations, notamment la taille de la population mondiale, ne change généralement presque rien à l'estimation du moment auquel les seuils sont franchis.

Les faits s'imposent et la science les révèle. Par exemple : les énergies fossiles (au moins conventionnelles) sont en quantité finie et commencent à se raréfier[19]. Que cela nous plaise ou non, il y aura donc inévitablement décroissance – au sens économique du terme. Si cette décroissance « imposée » n'est pas associée à une volonté déterminée de réduire et de réorienter la consommation au-delà de l'inévitable contraction, la catastrophe sera totale : écologique et sociale. En suçant le pétrole jusqu'à la dernière goutte, nous choisissons – de fait – le pire scénario du GIEC au niveau climatique et ouvrons la porte aux instabilités géopolitiques les plus funestes.

Sur cette question, les sciences humaines ne sont pas à négliger : l'histoire suggère fortement que les centaines de millions de réfugiés attendus ne seront guère compatibles avec un monde sans guerre ni génocide ou dictatures.

La situation est d'autant plus critique que la fable quasi délirante – à tout le moins manifestement fantasmatique – d'un découplage à grande échelle entre croissance économique et dégradation environnementale est maintenant fermement démentie par les articles universitaires[20] : il n'est pas possible d'augmenter le produit intérieur brut et de diminuer les méfaits environnementaux. L'analyse minutieuse a débusqué la supercherie : les contes de fées (qui, en l'occurrence, relevaient plutôt du cauchemar de sorcières) ne passent pas au travers des mailles du filtre scientifique.

Plus profondément, les études combinées montrent de très fortes corrélations entre les divers sous-systèmes de la biosphère[21]. Elles soulignent donc qu'endiguer tel ou tel phénomène délétère sans une approche globale a peu de chances de modifier drastiquement une situation dont la cause est éminemment complexe et diffuse. Négliger les liens n'est pas une approximation grossière, c'est une erreur méthodologique totale. Tenter de résoudre le « problème climatique » revient à peu près à diriger l'extincteur sur le haut des flammes ou à traiter un cancer avec du paracétamol.

En résumé : les analyses biologiques, climatologiques, médicales, physiques, mathématiques, etc., clarifient une situation catastrophique. Elles montrent que la vie s'effondre sur Terre et que les humains ne sont pas épargnés. Elles montrent que les désordres climatiques sont déjà préoccupants et deviendront dramatiques[22]. Elles montrent surtout que les températures ne devraient pas constituer notre principale préoccupation et que plusieurs autres piliers de l'habitabilité de cette planète sont en train de céder. Elles montrent enfin que la célérité de cette extinction dépasse nos pires anticipations.

Au-delà du constat, limpide, la science est également fiable dans ses projections. La capacité de prévoir qui la caractérise constitue même, sans conteste, l'un de ses attraits majeurs. Il est ainsi possible, avec des incertitudes elles-mêmes quantifiables, d'estimer que, sur la trajectoire actuelle, l'essentiel de la population mondiale sera soumis à des canicules potentiellement mortelles de plus de deux semaines à la fin du siècle[23].

Dès 2050, les récifs coralliens devraient, pour l'essentiel, avoir disparu[24]. Les conséquences pour leurs écosystèmes et le demi-milliard d'êtres humains qui en dépendent seront dévastatrices. En parallèle, les phénomènes météorologiques extrêmes s'accéléreront, l'eau potable manquera de façon structurelle[25] et de nombreuses rétroactions positives amplifieront les tendances. Une recrudescence des famines et des pandémies est vraisemblable[26].

Les prédictions du même acabit sont innombrables et aisément accessibles : aucun secteur n'est épargné, le délitement est omniprésent et touche essentiellement chaque branche du vivant. Globalement, malgré les effets d'annonce et les grandes conférences internationales, il ne cesse de s'accélérer.

Grâce à sa méthodologie claire et éprouvée, grâce à sa rigueur et à sa rectitude, la science offre à qui souhaite s'en saisir une image fiable de l'état déplorable du monde et de son avenir probable.

Outre cette immense capacité descriptive et anticipative, la science constitue enfin un outil d'action remarquablement efficace. À l'évidence, elle permet de concevoir et de construire les instruments de remodelage du réel les plus opérants. Elle semble donc pouvoir contrer les maux qu'elle a mis en lumière. Le succès est éblouissant. Presque flamboyant.

Et pourtant

La science apparaît donc comme triplement salvatrice face au désastre : elle permet de l'objectiver – de le mesurer, de le quantifier, de le démontrer –, elle permet de l'anticiper et elle permet de l'endiguer. Elle semble concentrer ou condenser tous les attributs salutaires pour affronter efficacement le plus grand défi de notre histoire.

Tout cela est vrai. En partie. Le revers de la médaille ne peut néanmoins pas demeurer entièrement enfoui ou refoulé. Il se révèle comme un terrible « triptyque d'insuffisance » qui vient interroger – peut-être ébranler ou renverser – cette trilogie de l'efficience, par ailleurs si étincelante.

Le premier volet des limites subreptices aurait trait à ce que la science ne constitue – pour l'énoncer comme le philosophe Nelson Goodman[1] – qu'une manière, parmi d'autres, de *faire un monde*. Bien que tout à fait évidente, pour ne pas dire triviale, la remarque sonne parfois comme étrangement subversive, voire suspecte, dans une société accoutumée à la normativité scientifique. Cette dernière relève d'un système cognitivo-symbolique incontestablement remarquable. Mais, que cela inquiète ou rassure, le fait est que toutes les manières d'arpenter le réel ne s'y réduisent pas. Loin s'en faut.

Ni les symphonies de Beethoven, ni les poèmes de Villon, ni les noirs de Soulages, ni les plâtres de Rodin, ni les romans de Joyce ne se réduisent à la physique théorique. Moins encore, sans doute, le rêve d'un chien ou le saut d'une puce. Que dire de la foi ou de l'amour ? Tous ces univers, comme autant de constructions sous contrainte, relèvent de logiques, d'éthiques et d'esthétiques largement incommensurables.

La vassalisation aux seules sciences dites « exactes » de la constellation diaprée et polymorphe de nos velléités exploratoires et créatrices n'est pas sans poser question sur le modèle occidental contemporain. Sur son aridité et sa pauvreté. Sur sa violence et sa brutalité, aussi.

Le second volet des limites scientifiques s'articule au premier et s'imbrique dans ses ouverts. Ou, peut-être, s'enchevêtre dans ses interstices. Il tient à ce constat simple et fondamental : la science demeure muette quant à ce qui est désiré. Elle peut aider à prévenir le suicide ou le meurtre mais elle ne statue pas sur le caractère souhaitable ou regrettable de ceux-là. Elle vit dans un paradigme qu'il lui est très difficile d'ébranler puisqu'elle en est à la fois le socle et le produit. Naturellement, des révolutions adviennent parfois. Ainsi en va-t-il de la découverte de l'expansion de l'Univers, de l'évolution des espèces ou des indécidables en mathématiques. Ce sont d'immenses bouleversements qui participent à la grande et belle histoire de la pensée. Opiniâtre et audacieuse. Inanticipable. Mais ces ruptures demeurent *internes* à la sphère scientifique. Elles ne peuvent, en l'absence d'un dessein spécifique, pas remettre en cause le rapport-au(x)-monde(s) qui les rend possibles. Elles renouvellent le sens du discours mais pas sa grammaire.

Face à la catastrophe écologique, la science peut aider à changer drastiquement les valeurs des variables, mais elle ne peut ni faire en sorte que ces variables deviennent non pertinentes, ni permettre l'entrée de tous nouveaux acteurs dans le jeu. Moins encore de nouveaux principes. Cela n'est, par essence, pas de son ressort. Elle pourrait, éventuellement et par exemple, permettre à la croissance économique d'augmenter ou de diminuer. Mais elle ne pourra pas décréter que cette dite croissance n'a aucun intérêt fondamental et que nous nous fourvoyons en lui accordant une indépassable omnipotence. Elle ne décide ni de ses objets d'étude ni de leurs significations.

Pour le dire autrement : la science est une noble et riche manière d'arpenter l'hors-soi, elle est un très élégant système formel ou expérimental. Elle est souveraine en sa capacité à remanier ses propres construits, mais elle demeure absolument étrangère à toute revisitation substantielle de la méta-architecture.

Tant qu'il est question d'améliorer le fonctionnement, la science est presque toute-puissante. Hégémonique. Impérieuse. Mais s'il s'agit de changer le but du jeu et non plus seulement de gagner la partie en suivant des lois supposées intransgressibles, elle perd de sa superbe. Elle ne sait pas tricher, même quand les règles relèvent, elles-mêmes, de la duperie. La science donne d'admirables réponses mais ignore comment poser de tout autres questions.

La science peut, à raison, marteler que la chute de la biodiversité, très largement ignorée, nous menace en réalité bien davantage que le réchauffement climatique. Quand bien même ce dernier serait endigué, nous demeurerions effectivement dans la sixième extinction massive. Tout cela est correct et doit être exprimé. Mais elle échoue à déceler dans ce discours une confusion taxinomique dramatique, une terrible faute catégorielle : la disparition de la vie sur Terre n'est pas une cause, parmi d'autres, des nombreux problèmes écologiques qui nervurent ce temps. Elle est, en tant que tel, *le problème*. La mentionner au même titre que l'acidification des océans ou la pollution de l'air revient à n'avoir pas même formulé l'enjeu auquel nous devrions nous atteler. Comme si le décès du patient était considéré par le médecin comme un symptôme parmi d'autres et non pas comme l'enjeu précis de ce contre quoi il – ou elle – travaille.

Plus profondément, la science demeure entièrement démunie quant à la direction à choisir. Elle sait infléchir le fonctionnement d'un algorithme très pompeusement nommé « intelligence artificielle », diminuer son temps de réponse et décupler ses performances. Interroger le bien-fondé de cette mutation sociétale n'est, en revanche, pas de son ressort. Indépendamment des émissions de gaz à effet de serre ou autres externalités négatives, c'est par conséquent la question cardinale qui est alors éludée : cette technologie, qui permettra d'automatiser les recrutements, de marginaliser les artistes, d'uniformiser les attentes, d'atrophier les possibles, de déployer les contrôles et surveillances de masse, d'élaguer les errances, d'autonomiser la finance et de supprimer les imprévus, est-elle un progrès ? Sans même se soucier de son coût énergétique ou de ses nuisances écologiques, de ses conséquences délétères pour les pays du Sud[2] et les vivants non humains, constitue-t-elle, en elle-même, un horizon désirable[3] ? Souhaite-t-on obérer le fondement de notre humanité en déléguant nos choix à des processeurs ? L'interrogation n'est pas de nature scientifique, elle est pourtant la plus essentielle et celle par laquelle il faudrait commencer.

Puisqu'il suscite, ces temps-ci, un enthousiasme généralisé – en particulier grâce à sa capacité à contrefaire les écritures savantes –, considérons donc d'un peu plus près, à titre d'illustration, ce cas particulier de l'intelligence artificielle. Il est tout à fait évident qu'elle présentera, comme tout nouvel outil, quelques effets positifs et bienvenus, notamment en médecine. Tant mieux. Cette remarque ne peut néanmoins en aucun cas valoir comme argument définitif en sa faveur : même en demeurant au niveau le plus bas de l'évaluation (celui qui ne devrait nous intéresser qu'à la marge), seule la balance globale des bienfaits et des méfaits revêt un sens. Il est, par exemple, tout à fait certain que légaliser le port d'armes automatiques, pour chacun et chacune, permettrait – et ce serait une excellente chose ! – de prévenir quelques agressions. Mais cela s'accompagnant, sans le moindre doute, d'effets par ailleurs catastrophiques, il va de soi qu'une telle proposition serait insensée. Il est impossible de trancher sans une comparaison des apports et des dommages. Curieusement, dès qu'il s'agit de technologie, cette évidence semble oubliée et seuls les bénéfices (à supposer qu'ils existent) sont considérés. La dimension scientifique de l'objet lui confère à nos yeux une sorte de valeur magique. Presque incantatoire. Le sacrosaint « principe de précaution » n'est d'ailleurs pas utilisé sans cynisme dans la mesure où il est finalement toujours indexé à un dogme qui le dépasse, celui d'une interdiction presque formelle de remettre en cause la marche forcée dudit progrès.

De plus, la simple possibilité d'une production semble, quand il est question d'ingénierie, justifier son effectuation concrète, ce qui relève d'un non-sens éthique et praxéologique sans équivalent. Fort heureusement, *aucun* de nos gestes quotidiens n'est légitimé par un laconique « je peux le faire, donc je suis en droit – presque en devoir – de le faire ». Ce serait intenable. La situation est d'autant plus ubuesque que les chantres de l'intelligence artificielle demandent aujourd'hui un moratoire, le temps de développer les contre-mesures ! Certains leaders du domaine proclament qu'elle serait aussi dangereuse que « les pandémies ou la guerre nucléaire »[4]. Autrement dit : nous tentons de créer le virus et son vaccin. Peut-être eût-il été plus raisonnable de renoncer au pathogène qui, même partiellement endigué, n'est jamais sans conséquences.

Soyons ici parfaitement clair. La science peut contribuer à tempérer ses propres créations et aider à débusquer, voire à limiter, les conséquences potentiellement pernicieuses de l'intelligence artificielle. Ces dernières ne manquent pas : propagation de fausses informations, triche, piratages de drones militaires ou de voitures autonomes, propagande, manipulations de masse, influence à grande échelle, armes de guerre, chantage, etc[5]. Mais la science demeure muette, par essence, sur ce qui constitue le véritable méfait, le seul qui mériterait d'être sérieusement pensé : l'extraordinaire effondrement de notre « puissance d'être » qui se profile ici – indépendamment de tout usage explicitement délictueux ou mal intentionné. Que des probabilités objectivées imposent le montant de nos polices d'assurances, que des publicités ciblées décuplent nos addictions consuméristes, que des machines prennent le contrôle de nos désirs et de nos possibles – accèdent même à nos pensées[6] – est-il *souhaitable* ? Veut-on que nos lignes de vie deviennent, littéralement, programmées ? Plus que d'une « servitude volontaire », ce sont ici les signes d'une véritable « réification consentie » qui se révèlent insidieusement*.

Ferdinand de Saussure rappelait qu'on ne doit pas « confondre le langage avec son usage instrumental ». Ce que les agents conversationnels de type ChatGPT, Gemini, et ses successeurs, ne *peuvent pas* intégrer. Certains journaux ont initié ce processus en réécrivant les textes qui leur sont soumis ou les interviews qui leur sont accordées. Cet oubli de ce que le style – son éperon** – contribue évidemment au sens relève de l'aberration. Les intelligences artificielles vont plus loin en tuant littéralement toute la chaîne référentielle qui constitue le cœur définitoire du langage. Même approximatif ou imparfait, un texte vaut en ceci que chaque signe renvoie à son auteur ou à sa

* Voir, en particulier, les analyses de la philosophe Simone Weil.

** « Le style pourrait donc aussi, de son éperon, protéger contre la menace terrifiante, aveuglante et mortelle qui se présente, se donne à voir avec entêtement : la présence, donc, le contenu, la chose même, le sens, la vérité – à moins que ce ne soit déjà l'abime défloré de tout ce dévoilement de la différence. » J. Derrida, *Éperons, les styles de Nietzsche*.

créatrice. Un compte rendu de consultation ou un chapitre de thèse écrit par ChatGPT, à partir de mots-clés livrés par le médecin ou la chercheuse, violent le pacte fondamental de l'idiome. La douce et anxieuse exégèse d'un texte – même le plus futile ou le plus trivial – repose sur la promesse non dite de ce que chaque lettre, chaque mot, chaque forme grammaticale doit pouvoir, en principe, livrer quelque chose de l'auteur ou de la locutrice et de leurs propres arborescences symboliques. Il y a *toujours* palimpseste. Lire un texte écrit par une intelligence artificielle revient à faire l'amour avec une poupée gonflable. Tout y est… sauf l'amour. Plus qu'insipides, ces perspectives déliquescentes dévoilent nos dépendances nécro-techno-philes. Le dénoncer relève de la plus extrême urgence mais la tâche ne saurait échoir ni à la science ni à ses mandataires ou à ses ambassadrices.

Étant donné que le fonctionnement de ChatGPT est, par ailleurs, fondé sur la complétion probabiliste des phrases à partir des motifs appris dans les textes intégrés ou ingérés – sans que le concept de vérité soit jamais invité dans le processus –, c'est également la référence au réel qui est perdue. Il s'agit donc d'une double déréférentialisation : perte du lien avec le monde et perte du lien avec l'écrivain ou l'oratrice. Double trahison des deux piliers de la langue, des deux promesses dialectales élémentaires.

Notre attrait pour ces futilités nocives est d'autant plus absurde qu'en période de crise, un outil immensément biaisé, par construction, vers la reproduction à l'identique des visions majoritaires est très exactement le pire ustensile envisageable.

L'efficacité de notre civilisation à effacer toute altérité est sans équivalent. Qu'il s'agisse d'animaux ou d'humains se réclamant d'autres cultures, nous avons éradiqué ou invisibilisé avec une infatigable systématicité. Faut-il que notre besoin d'ailleurs refasse surface sous la forme la plus veule possible : celle d'une fascination technique qui oscille entre onanisme et sorcellerie ? Notre imaginaire est-il à ce point rachitique que les logiciels et applications – ne reflétant que nos propres inclinations et appétences – deviennent la forme quintessentielle du « tout autre » auquel nous aspirons à nous confronter ?

Le cas de l'intelligence artificielle met donc en lumière, de façon archétypale, une faillite binaire : absence d'évaluation sérieuse des pertes et profits dans le cadre des critères technoscientifiques eux-mêmes et, plus gravement, oubli effarant de la question cardinale – et profondément non scientifique – du sens et de la finalité du geste.

La confusion du pouvoir, du devoir et du vouloir – sous couvert d'une « avancée des sciences » dont la direction n'a jamais été sérieusement définie – relève d'une redoutable méprise conceptuelle.

L'artificialisation à outrance du réel engendre des effets secondaires dramatiques en termes de pollution de l'air, des sols et des eaux, en termes de réchauffement climatique, en termes d'interruption des cycles. Entre mille autres conséquences délétères. La science se révèle ici essentielle : elle décrit à merveille. Mais la réflexion véritablement pertinente lui échappe et pourrait se résumer ainsi : indépendamment des conséquences néfastes, un monde de machines et de codes, de béton et d'acier, de virtuel et de programmes est-il *enviable* ? Peut-être la science montrera-t-elle qu'il existe des failles de sécurité substantielles dans l'application TikTok conduisant au piratage des données. Mais abordera-t-elle ce problème plus grave et plus important : hors de toute brèche informatique, la plateforme ne contribue-t-elle pas à un abrutissement et à un endoctrinement généralisés ? À un étiolement de la pensée et de la beauté ? À une dépoétisation universelle ?

Tout détruire et tout raser, exterminer les espèces, brûler les forêts et préparer les guerres ne constitue pas une erreur scientifique. Rien n'est faux dans une telle démarche. Le prisme logique n'est pas adapté pour appréhender le massacre. C'est le carcan axiologique – voire ontologique – qu'il faut convoquer.

La science ne peut pas choisir ce qui, suivant nos schèmes de valeurs, relève du mélioratif et ce qui s'enferme dans le péjoratif. Elle aide éventuellement à cheminer mais reste mutique sur la direction souhaitée. C'est pourtant précisément ici qu'un immense effort d'intellection ferait sens.

Si, comme c'est aujourd'hui le cas, la destruction méthodique des vivants et de leurs habitats demeure l'objectif tacite, les moyens par lesquels nous y parvenons – ce sur quoi les sciences et techniques peuvent influer – importent finalement très peu.

L'enjeu ne consiste donc pas seulement à plaider pour un effort mais à interroger l'idée même que ladite sobriété constitue une privation. Migrer vers moins de messages électroniques et plus de livres doit-il vraiment être reçu comme une régression ? Le remplacement d'une balade réelle dans une forêt dense de fragrances d'humus et de chants d'oiseaux par l'expérience d'une excursion virtuelle dans une sylve numérique relève-t-elle vraiment d'un progrès ? Ce sont les seules questions essentielles et elles ne sont en *rien* scientifiques.

Se focaliser sur le solutionnisme technique est non seulement insuffisant mais également pernicieux dans la mesure où cette obsession prohibe dès l'origine toute pensée à la hauteur de la catastrophe. Elle efface ou oblitère l'essentiel : que veut-on profondément ?

S'engouffrer dans une recherche d'artifices ingénieriques constitue par conséquent une double erreur. D'une part, parce qu'à l'évidence l'ampleur du désastre est extraordinairement sous-estimée. Ça ne suffit pas, ça ne marche pas. D'autre part, parce que cette approche suppose implicitement que la finalité ne doit pas être interrogée. Ou à tout le moins secondairement. Tout est là pourtant : fabriquer des armes « biologiques et issues du commerce équitable » demeure de peu de pertinence si l'élaboration et l'utilisation de bombes létales constituent notre horizon. Par-delà la métaphore, il serait aujourd'hui indispensable de penser les objectifs de nos élaborations et plus seulement leurs modalités. L'enjeu est *avant tout* politique et symbolique.

Sans même mentionner que cet entêtement technocentré, enraciné dans un canevas incapable d'anticiper les grandes mutations, crée d'immenses vulnérabilités. Confier, toujours davantage, la prise en charge des tâches élémentaires, voire vitales, à des systèmes électroniques ou informatiques particulièrement « fragiles » n'est pas qu'inutile, c'est très irrationnel face aux probables crises à venir. Une bien étrange contre-résilience.

Peut-être la fusion nucléaire fournira-t-elle une source d'énergie presque propre et presque illimitée. Soit. Est-ce souhaitable ? Pour la quasi-totalité des scientifiques, la réponse positive est une évidence, la question ne se pose même pas. Pourtant, dans l'état actuel de nos désirs et de nos valeurs, il ne fait aucun doute que cette énergie serait utilisée pour amplifier le gigantesque chantier de destruction systématique du vivant, du fragile et du précieux. Le problème est moins la propreté de l'énergie que ce à quoi elle est destinée. Ce qui relève d'une réflexion d'un tout autre niveau. En particulier, mais non exclusivement, sur le langage qui demeure prisonnier de l'ornière des croyances dominantes qui le produisent. Nommer « progrès » une marche forcée vers le précipice est aussi inconséquent que de nommer « croissance » un emballement de notre autolyse sociétale. Là encore, le nœud essentiel n'est certainement *pas* primitivement scientifique.

Loin de constituer une solution miracle, disposer d'une énergie propre et abondante contribuerait, tout à l'inverse, à décupler la catastrophe. Cette évidence qu'on pourrait presque dire « factuelle » demeure étonnamment impensée. Sa prise en compte renverserait pourtant toute la logique de notre appréhension du nécessaire et du requis.

Le troisième volet d'une déconstruction de l'image erronée d'une science salutaire ou providentielle aurait trait à ce qu'il convient vraisemblablement de nommer, avec mille précautions, une certaine « complicité ».

Sans doute ne faut-il, naturellement, pas blâmer les chercheurs et chercheuses pour les applications parfois nuisibles – voire dramatiques – de leurs découvertes. Certes, la physique subatomique ne saurait être rendue *per se* responsable de la construction d'engins nucléaires, aujourd'hui disséminés de par le monde, donnant à quelques êtres humains le pouvoir d'engendrer instantanément la mort de tous les autres.

Il n'en demeure pas moins que la science a partie liée avec une vaste entreprise de chosification. La question est moins celle des conséquences, effectivement imprévisibles, de découvertes par essence épiphaniques, que celle de l'imposition d'une rationalité désincarnée à l'ensemble de la matrice du réel.

La science n'est pas coupable de tous les malheurs du monde. Loin s'en faut. Nul ne conteste le bien-fondé des avancées médicales ou des découvertes mathématiques. Mais il semble difficile de la blanchir tout à fait d'une forme insidieuse de connivence, parfois indirecte, souvent involontaire, avec la catastrophe en cours. Elle contribue, de fait, à l'effacement d'une cosmopoétique du réel* qui, bien plus qu'un simple divertissement onirique, pourrait et devrait constituer le socle salvateur qui fait cruellement défaut. La science – sa pratique plus que son essence – ne peut plus se défausser de ses responsabilités en se posant ou se supposant structurellement dans le « camp du bien ». Il n'en est pas nécessairement ainsi. La situation est complexe et intriquée. La croyance, littéralement magique, en une science intrinsèquement providentielle n'est plus tenable.

L'hégémonie omnipuissante de la techno-science participe, indubitablement, à l'érosion du multivers de possibles que la nébuleuse polychrome de nos champs cognitifs et créatifs, de nos rencontres humaines et inhumaines, de nos errances et égarements, avait patiemment contribué à élaborer.

* Bien que je lui confère un sens légèrement différent, cette expression est empruntée à Dénètem Touam Bona.

Le recours systématisé à l'argument d'autorité scientifique est, là encore, doublement dramatique. D'une part, parce qu'il est souvent faux. L'essentiel des problèmes existentiels que nous traversons n'est *pas* de nature scientifique. Ce n'est ni insulter ni offenser la science que de lui reconnaître le droit à n'être pas la seule version correcte du réel*. D'autre part, parce qu'il empêche de penser les situations dans l'étendue de leur richesse. Il laisse entendre que philosophie, politique et poétique n'ont plus à être convoquées puisque la science s'occupe de nous. Se dessine ici une faillite intellectuelle aux conséquences imprévisibles.

Qu'il s'agisse d'activistes politiques, de prosélytes religieux ou de scientifiques convaincus, chaque communauté – ou presque – se croit sincèrement détentrice du véritable savoir et cheville ouvrière essentielle du bien universel. Rappelons cette évidence : un tel ressenti n'a pas force de loi.

---

* Conformément à la proposition du philosophe de Harvard, Nelson Goodman.

Dans un texte virulent mais clairvoyant[7], le philosophe Pierre Thuillier dressait, en 1980, un portrait sans concession de la science occidentale dont il avait beau jeu de rappeler les accointances avec la « classe dominante », les velléités totalisatrices, les capacités prédatrices et le prisme souvent violent et unique qu'elle impose à l'ensemble des êtres-au-réel possibles. Pire : l'idéologie scientiste, rarement explicitée mais manifestement disséminée, tendrait à entériner l'idée délétère qu'il n'y a finalement plus rien à interroger. À quoi bon l'éthique puisque la science est aux commandes ? Une société technocratique se profilerait, sans visée et sans désir*, sans intention et sans projet**, vouée à peaufiner des *fonctions* qui ignorent leurs raisons.

Qu'elle se l'avoue ou non, qu'elle l'assume ou le cache, l'histoire de la science est aussi celle d'une incontestable intimité entre savoir et pouvoir. Francis Bacon ne s'y était pas trompé !

---

* L'image, dans ce contexte, est de Dostoïevski.

** Le sens, ici, serait plutôt sartrien.

Il ne s'est jamais uniquement agi de dévoiler – *alètheia* – mais également de contrôler, d'agir et de transformer. De posséder ? *A minima*, de pouvoir détruire et créer.

L'évident

Que faire ? La fameuse question de Lénine se pose plus aigûment que jamais. Comment infléchir la pratique scientifique pour la rendre vertueuse ? Scrutons tous azimuts, sans ordre et sans systématicité, en demeurant dans ce chapitre au niveau des évidences qui concernent, avant tout, les chercheurs et chercheuses.

La science, aussi diversifiée et insaisissable soit-elle, se trouve donc sur la brèche. En équilibre instable entre des pôles antagonistes. Ce petit essai plaide pour ne surtout pas se concentrer prioritairement sur les dimensions pratiques et les inflexions de surface. Là n'est pas l'essentiel. L'indispensable révolution se joue ailleurs. Pire : les « petits gestes » peuvent contribuer à entériner un cheminement profondément mortifère en prodiguant la sensation trompeuse d'une contribution significative.

Il n'en demeure pas moins que certains efforts simples – ce qu'il convient aujourd'hui de nommer la « transition » – peuvent être bienvenus. Une fois de plus, le terme d'effort est en lui-même problématique puisqu'il laisse entendre que les évolutions indispensables pour endiguer le délitement relèvent d'un moins bien vivre. Ce n'est généralement pas le cas. Cette mise au point ne concerne pas que les pratiques des scientifiques : renoncer à la surenchère exhibitionniste et nivelante des réseaux sociaux ou des *talk-shows* télévisés – voire des voyages envisagés sous le seul angle de leur « instagramabilité » – au profit d'une authentique redécouverte de la pensée pionnière ou de l'altérité voisine pourrait constituer un enrichissement jubilatoire plus qu'une sobriété rébarbative.

Dans l'urgence, les petites attentions évidentes ne manquent donc pas. De la rénovation énergétique des locaux de recherche et d'enseignement aux économies électriques à mettre en œuvre dans les laboratoires et instituts*, en passant par la bienveillance avec laquelle pourraient être enfin reçus les projets « low-tech », les marges de progression sont légion. Il serait également opportun d'interroger l'étonnante omniprésence de viande dans les restaurants professionnels ou les cocktails de conférences – ce qui pose tout autant question du point de vue de l'éthique animale qu'en termes d'impact écologique et de néocolonialisme alimentaire. Ainsi, d'ailleurs, que la curieuse désinvolture avec laquelle les gadgets de toute nature sont généralement accueillis, pour ne pas dire appelés, par les savants ou intellectuelles. Mais cela relève de l'anecdote.

Un peu plus signifiante serait l'émergence de questionnements sincères quant à la légitimité des participations traditionnelles – presque rituelles – aux conférences et ateliers, bien souvent à l'étranger, parfois à l'autre bout du

* Cette préoccupation a récemment émergé grâce à… l'augmentation significative du coût de l'énergie !

monde. L'argument canonique de partage des connaissances et de confrontation à une collégialité inspirante n'est pas inconditionnellement tenable. Il est surfait, presque usé, bientôt suranné.

D'abord, parce qu'il ne suffit jamais d'évaluer le bénéfice, il faut également inclure le coût : les scientifiques devraient ne pas omettre cette évidence comptable dont le concept leur revient. Que la présentation de ses résultats lors d'une conférence à Stanford ou à Berkeley soit profitable à la carrière du chercheur et au déploiement de son réseau de collaboration ne fait aucun doute. Mais les quinze minutes de gloire ressentie – face à un auditoire souvent davantage concentré sur la lecture de ses emails ou l'enregistrement de sa carte d'embarquement pour le vol retour – méritent-elles les 18 000 kilomètres et près de 3 tonnes de CO_2 émises (par passager) ? Au-delà du simple bilan carbone, toujours très insuffisant, le coût familial, économique et allégorique d'un tel déplacement n'est pas anodin.

Mais aussi, et plus significativement, parce que, peut-être, le sentiment d'impérieuse nécessité éprouvé face à ces grand-messes académiques pourrait relever du leurre. Il n'est évidemment pas question de laisser entendre que les réunions ne servent à rien. Ce serait idiot et provocateur. Il s'agit plutôt de s'interroger sur la pertinence réelle de ces échanges supposés innerver l'imaginaire alors même que, bien souvent, les discussions possibles au sein d'un groupe de recherche, au sein d'un laboratoire, au sein d'une agglomération – voire d'un pays – demeurent très loin d'être épuisées. Si l'intention consiste à se ressourcer intellectuellement, la question honnête serait plutôt : ai-je vraiment interagi exhaustivement avec mes collègues travaillant de l'autre côté de la rue ? Qui se révèlent parfois bien plus dissemblables que les collaborateurs de Californie formés aux mêmes méthodes, évalués suivant les mêmes critères, publiant dans les mêmes revues et entraînés conformément aux mêmes attentes. Des expériences « à l'international » peuvent évidemment s'avérer fructueuses ou fécondes, pour ne pas dire nécessaires, mais il est un peu trop facile d'y voir un blanc-seing exonérant de toute introspection sur le sujet. Ce qui n'est d'ailleurs pas sans écho au statut de l'intouchable voyage annuel – ou plus, si les moyens le permettent – en Afrique ou en Asie auquel nombre d'« écologistes », par ailleurs très prosélytes sur les petits gestes, ne renonceraient pour rien au monde. Il permettrait, dit-on, la découverte de l'altérité. Certes. Pourtant, à l'exception de quelques pèlerinages ou tribulations effectivement signifiantes*, n'y aurait-il pas davantage confrontation à « l'ailleurs » lors d'un échange humble et patient avec le réfugié ou la migrante qui dort – invisible – au coin de nos rues que dans la fréquentation d'un hôtel pittoresque à l'autre bout du monde, méticuleusement choisi dans le *Guide du routard* ? Le poète Henri Michaux était clair : il ne faudrait voyager que pour s'appauvrir.

Pour beaucoup d'astronomes professionnels, le spatial est souhaitable, évidemment souhaitable. Pourquoi ? Parce qu'il les sert. Parce

* L'accord de proximité est certainement plus naturel et élégant que l'imposition du masculin. On le trouve en grec, en latin et en ancien français. Racine, Boileau et Madame de Lafayette, entre autres, l'utilisèrent.

qu'il permet de belles images – indéniablement riches d'informations – de galaxies lointaines et que cela semble suffire à établir sa légitimité sans considération aucune pour l'immense faillite symbolique ici à l'œuvre. Le fantasme théandrique qui s'incarne dans cette *conquête*, inévitablement attachée, de près ou de loin, aux satellites et aux navettes, est sale plus encore que triste. Le nihilisme en acte de l'exhibition phallique des fusées, détournant nos regards de ce monde agonisant, témoigne d'un cynisme sourd. Quel sens y a-t-il à s'interroger sur l'existence de vie extraterrestre alors même que nous éradiquons l'inénarrable diversité, largement ignorée, qui pullulait ici ? L'industrie de l'espace souille même les cieux : projets d'hôtels volants pour milliardaires, publicités cosmiques, dépôts de carburant en orbite, tourisme obscène… Peut-être devrions-nous prendre nos responsabilités face à cette farce sordide. Quelques magnifiques clichés astrophysiques, aussi élégants soient-ils, ne valent pas mandat pour justifier ou excuser le pire. Il y a, de fait, connivence, même si elle n'est pas désirée.

Les spationautes ne sont pas des héros. Ils en seraient même la presque exacte antinomie : marionnettes médiatiques – lisses et souriantes – d'un système de désublimation généralisé. Objets « marketés » caricaturaux du grand spectacle globalisé. Le ciel, lui aussi, sera donc taché. Frivolité coupable de notre indigne appétence pour ces démonstrations de force cosmiques qui parachèvent la valorisation d'une arrogance foncièrement impérialiste. La sympathie, pour ne pas dire l'admiration, que suscite l'industrie spatiale – ainsi que ses acteurs ou zélatrices – mériterait d'être étudiée en détails. Il y a peu de risques à parier que se signe ici un exutoire particulièrement sournois, mais redoutablement efficace, aux passions tristes qui nervurent nos imaginaires. Désir d'ailleurs pour pallier le saccage d'ici. Vanité qui s'ignore comme telle, confondant aventure et invasion, étonnement et appropriation. Par quel étrange mécanisme un astronaute menant des opérations formatées, écologiquement dévastatrices et scientifiquement dérisoires, dans un bloc de métal flottant quelques centaines de kilomètres au-dessus de nos têtes, nous semble-t-il plus méritant ou courageux qu'une indigène luttant pour la sauvegarde de son monde et de ses habitants ? Nos amours révèlent aussi nos démons…

La pratique scientifique est également adossée à celle de l'édition qui, en tant que telle, pose évidemment d'innombrables questions. Depuis un certain temps, une évolution positive est pourtant à noter dans la communauté scientifique : le diktat des publications s'est amoindri. Les recrutements et promotions, les médailles et évaluations, ne sont plus indexées à la quantité d'articles produits. Voilà une excellente nouvelle. Le nombre de citations n'est pourtant jamais véritablement un détail et s'il n'apparaît pas dans les rapports officiels, il demeure une donnée essentielle largement scrutée par la communauté*. Il faut avoir un *impact*

* Une anecdote. Pour mesurer les citations, les scientifiques utilisent souvent l'« indice h ». Il s'agit d'une manière de tenter de résumer en un seul chiffre – ce qui ne manque pas de brutalité – la visibilité d'un chercheur ou d'une chercheuse. Il y a peu, j'ai soumis avec quelques collègues universitaires un projet résilience/décroissance auprès d'une instance institutionnelle. Le cœur du retour, très négatif, fourni par l'un des évaluateurs

élevé. Impact : le mot est lourd quand on l'entend littéralement. Pourquoi serait-ce souhaitable ? Naturellement, qu'un résultat important puisse diffuser est essentiel. C'est, dans une certaine mesure, sa raison d'être. Mais se focaliser primitivement sur la diffusion au détriment de l'importance, c'est renverser le problème ! Comme si la seconde était une conséquence de la première.

Pour le dire de façon légèrement prescriptive : peut-être les chercheuses et chercheurs devraient-ils revendiquer de *ne pas* se soucier de leur impact ou de leur rayonnement. Peut-être les instances devraient-elles les encourager à *ne pas* consacrer d'énergie à déployer leur visibilité. La notoriété n'a jamais été gage de qualité. Elle peut effectivement se faire signe

---

consistait à arguer que mon « indice h », réputé dans le dossier proche de 50, était en réalité nettement plus faible. La remarque est doublement drôle : d'abord parce que l'évaluateur avait tort et ne savait manifestement pas utiliser les bons outils maïs surtout parce que cela dénote l'impossibilité structurelle, pour certains ou certaines, de penser hors de l'ordre établi de leur environnement. Même pour un projet visant précisément à porter la recherche hors de ses ornières, il n'était pas possible de renoncer un instant aux modes d'évaluations les plus archétypaux de la logique de croissance et de production !

de reconnaissance mais il n'y a aucun sens à la rechercher en tant que telle. L'inclure dans l'évaluation est une erreur axiologique. Bien souvent, la confusion est pire encore : plus qu'un symptôme, elle devient un enjeu. Et d'enjeu elle se fait dessein.

Le défi ne consiste évidemment pas prioritairement à moins publier ou à être moins cité. Il consiste à ne plus voir en cela des *objectifs*. Au mieux, il s'agit d'effets secondaires, présentant d'incertaines corrélations avec la contribution scientifique elle-même. Au pire, il y aurait matière à y déceler l'indication subreptice du faible pouvoir déconstructeur – et donc exploratoire – de l'idée considérée. Dans une situation où seul un renouveau radical fait sens, la réception consensuelle d'une proposition peut constituer un symptôme d'échec latent ou de superfluité probable. En ce sens paradoxal, mais pas indéfendable, il y aurait ainsi quelque indice de qualité à ce qu'un travail demeure peu visible ou mal aimé.

Un détail, un exemple : Twitter (rebaptisé X). Le non-lieu de la pensée. Exception faite, évidemment !, des délicieux haïkus, la pensée en 280 caractères n'existe pas. Règne de la calomnie, de la bassesse, de l'aigreur et de la caricature – le clash le plus vilain ou le plus veule sera toujours l'élu des algorithmes. Caisse de résonance émétique des désinformations et des niaiseries, haut lieu de diversion face au grave et au subtil. De plus, Twitter/X est maintenant devenu l'emblème de l'un des hommes les plus dangereux au monde. Des constellations de satellites qui dépeuplent le ciel de ses étoiles aux méthodes managériales les plus violentes, de l'invitation aux coups d'État qui soutiennent ses intérêts à la commercialisation ahurissante de lance-flammes, des projets d'implants cérébraux aux appels du pied à l'extrême droite suprématiste, le patron le plus riche de la planète est manifestement aussi l'un des plus nuisibles. Des plus vulgaires et des plus méphitiques. Pourtant… les scientifiques continuent, parfois massivement, à communiquer sur Twitter/X ! Non seulement à titre individuel mais également via les organismes ou les ministères. Un tel geste n'est ni neutre ni anodin. Twitter/X est une entreprise privée assurément – presque « assumément » – indolente face aux désastres qu'elle soutient donc implicitement. Se pose une double question. Est-il légitime – qui plus est par les voies et voix institutionnelles – de recourir à ce média ? Et, surtout, pourquoi le faire ? À quoi bon ? Quel est l'enjeu de cette frénésie logorrhéique ?

Parmi les dix comptes Twitter/X les plus suivis au monde, ceux donc qui créent les tendances que la grande presse retranscrira : Justin Bieber, Rihanna, Cristiano Ronaldo, Donald Trump, Ariana Grande et Lady Gaga. Les organismes de recherche veulent-ils vraiment entrer dans cette danse* ? Qu'y cherchent-ils ? Espèrent-ils réellement y jouer un rôle ? Ou peut-être ne s'agit-il que de rendre les sciences sexy et divertissantes, distrayantes avant tout, pour s'assurer qu'elles deviennent,

* Il est vrai que les préfectures de police et même la présidence de la République ne s'en privent pas ! Elon Musk a par ailleurs été récemment reçu en grande pompe à l'Élysée. Le symbole exhibe, à lui seul, l'impasse dans laquelle nous nous sommes engouffrés.

au plus vite, des marchandises consommables comme les autres. *Likable*. N'y aurait-il pas une forme de finesse et de dignité à assumer le retrait de cette nébuleuse bouffonne et nocive ? Non par arrogance ou par dédain mais par authentique désir de désuniformisation de la parole et de désenclavement de la pensée. Nous ne battrons pas Trump à son propre jeu. Nous ne déconstruirons pas Twitter sur Twitter. X ne peut jouer contre X.

L'exemple est certainement insignifiant mais il souligne quelque chose de grave : en indexant les pratiques créatives aux attendus d'un régime d'équivalence, les potentialités disruptives se voient compromises dès l'origine. Pire qu'une censure : une césure dans l'élan extracteur. Rien ne vaudra donc qui ne soit ingéré et assimilé par ce que l'écrivain et poète Guy Debord nommait la « société du spectacle ».

Le site internet arXiv constitue le haut lieu de partage des publications scientifiques en astrophysique, physique de la matière condensée, relativité générale, physique des hautes énergies, mathématiques, physique nucléaire, physique quantique, biologique quantitative, informatique, statistique, etc. Il permet, depuis peu, d'ajouter aux articles de recherche des « pastilles vidéo » afin de les promouvoir. Est-il raisonnable d'y lire un progrès ?

La communauté scientifique – si elle existe – pourrait constituer un microcosme de résistance. Moquer l'air du temps. Demeurer languide ou indolente face à l'impétuosité fébrile d'une époque fanatique. Elle est, en partie, armée pour cela. Résistance face à une inertie systémique hors de contrôle, face à une architecture politique inadaptée, face à une fureur économique généralisée. Elle ose parfois le « contre-modèle ». Timidement. Le CERN (Organisation Européenne pour la Physique des Particules) fut ainsi décrit comme une alternative au libéralisme débridé, parce qu'il place au centre de ses attentes et de ses valeurs la coopération plutôt que la compétition. La résistance ne prend pas nécessairement la forme de l'affrontement ou de la lutte armée. Il s'agit, avant tout, de suppléer au manque pathologique d'imagination desdites élites qui confondent leurs construits avec des donnés. Ce qui exige une certaine capacité à composer avec l'inconfort. Sur les pas de Fernando Pessoa ?

Curieusement, au lieu de se revendiquer comme une hétérotopie singulière, exploratrice et révolutionnaire, décadrée et insolente, la communauté rentre essentiellement – parfois contre son gré – dans le rang. S'y déploient les mêmes schèmes d'évaluation, de financement, de publicisation, de concurrence, de surveillance et de communication qu'au sein des entreprises privées. Face aux difficultés, on créera des comités, on rédigera des chartes, on nommera des référents ou référentes et on établira des règles éthiques. C'est un jeu de dupes que personne ne cautionne mais qu'à sa manière chacun entérine : inventer des critères d'excellence arbitraires, s'employer à y satisfaire et s'enorgueillir de ses succès. Cette problématique, bien connue et quasi burlesque, pourrait sembler sans lien avec la catastrophe écologique. Il n'en est rien. La question est plus signifiante et plus épineuse que l'équilibrage du bilan carbone des scientifiques : il s'agit du modèle social dans lequel la science se pratique. Il ne peut pas ne pas l'influencer profondément. Et, par là même, lui conférer son statut : outil d'extraction ou arme d'affirmation ? Tout est là.

Il existe, par exemple, différents « corps » de chercheurs et chercheuses : les « chargé(e)s de recherche » et les « directeurs ou directrices de recherche »*. Autrement dit, deux niveaux bien distincts, verticalement hiérarchisés, présentant chacun une sous-structure. À quoi cela sert-il ? À récompenser les plus méritants et à dynamiser la discipline, répondront les instances de façon quasi pavlovienne. Voilà qui ne va pourtant pas de soi. Une observation minutieuse montre que les « promus » de la compétition n'en tirent presque aucun bénéfice réel tandis que les laissés-pour-compte développent généralement un ressentiment délétère, teinté d'amertume, d'aigreur et parfois d'âcreté. De plus, que vaudrait un chercheur ou une chercheuse dont la motivation intellectuelle se fonderait

* À l'université, on appelle cela les « maître(sse)s de conférences » et les « professeur(e)s ». C'est la même chose.

sur les primes, médailles et promotions ? Aussi désuet cela puisse-t-il sonner, c'est bel et bien l'appétit de la découverte qui motive l'essentiel des praticiens et praticiennes – jusqu'à ce que les attendus institutionnels viennent précisément pervertir cette dynamique naturellement féconde*. Nous avons élaboré un système à la fois inefficace – il n'encourage pas les qualités scientifiques réelles – et injuste – chacun sait que pour obtenir un financement ou une reconnaissance il faut y consacrer beaucoup d'énergie ! Archétypal d'une *idéologie* de type néolibéral importée dans un domaine où elle ne peut structurellement pas fonctionner. À supposer qu'elle le puisse par ailleurs. Les conséquences ne portent pas que sur la qualité de vie des scientifiques, ce qui demeurerait secondaire, mais aussi et surtout sur la *nature* de ce que cet environnement les incite à produire.

Faut-il donc jeter la pierre à celles et ceux qui candidatent à des promotions ou à des

---

* Si l'image peut sembler un peu trop rousseauiste, elle n'en est pas moins, je crois, correcte.

financements ? Évidemment pas. La question est ailleurs. Il n'y a aucun sens à attendre des comportements individuels qu'ils s'opposent aux incitations systémiques. Encourager à suivre une direction en espérant qu'une tout autre sera choisie n'est pas viable. Cette remarque porte bien au-delà de la recherche scientifique : faire reposer une nécessaire mutation sociétale sur l'« initiative personnelle » sans revoir l'ossature symbolique et politique qui la sous-tend revient à espérer que les joueurs et joueuses choisiront délibérément de perdre la partie. Cela ne se produira pas. Il faut, impérativement, changer le but du jeu. Et, si nécessaire, tricher avec les règles.

La multiplication des agences de financement, la structuration « sur projet », l'intrusion des méthodes et du vocabulaire du *management* orientent la recherche. Ces modalités ne sont pas neutres. Naturellement, les ruptures intellectuelles sont en principe encouragées. En principe. Mais, pour qu'un projet soit soutenu, il faut décrire en détail ce que seront son déroulé et ses résultats escomptés. Établir le calendrier prévisionnel et les délivrables, lister des *work packages*, montrer qu'il répond aux défis du moment et qu'ils s'accordent avec les priorités de l'Institut. Quel type de science sait ainsi prévoir ce qu'elle produira ? Celle, évidemment, qui ne *peut pas* être révolutionnaire. Celle qui se focalise sur l'assurance d'un taux de citations élevé et sur une « attractivité » importante pour les collègues. Voilà le cœur du problème concernant les mutations et transitions mineures : est encouragé, de façon tendancielle, un fonctionnement de la recherche incompatible avec son essence même.

Il n'est pas question de malveillance de la part de celles et ceux qui engendrent ou consacrent cet état de fait*. Il ne s'agirait que d'oser penser au-delà de l'ajustement des variables. La scientifique et enseignante Donella Meadows, dans un article moins fameux mais tout aussi visionnaire que le célèbre rapport éponyme du MIT, montrait que face à l'impérieuse nécessité d'un

* Je suis, moi-même, directeur d'une fédération de recherche en physique théorique et, par conséquent, partie prenante de cette situation.

changement de paradigme, il existait une profonde gradation dans l'efficacité des actions et réflexions à mener. Hélas, l'immense majorité de celles auxquelles nous nous employons concerne exclusivement le niveau le plus bas, le plus inopérant : le choix des valeurs des paramètres, sans aucune remise en cause de l'architecture globale qui les fait émerger. Ni aucune interrogation sur les finalités implicites qui les sous-tendent.

Il y a quelques années, un collectif de chercheuses et chercheurs s'est constitué sous la bannière « Sauvons la recherche ». Les slogans les plus récurrents rappelaient que « ce n'est pas en tentant d'améliorer la bougie que fut inventée l'ampoule » et que « ce n'est pas en essayant de mettre au point le GPS que fut proposée la relativité générale ». Certes. L'argument n'en demeure pas moins dangereux et peut-être révélateur. La connaissance n'aurait donc valeur qu'en tant qu'elle participe à la grande marche industrielle ? Le savoir ne se justifierait qu'en tant qu'il permet l'élaboration de nouveaux objets techniques ? Il ne s'agit pas de statuer sur les bienfaits de l'électricité – dont personne ne doute – mais de dépasser cette connivence entre geste scientifique et ingénierie technologique. Car si cette dernière a pu s'avérer bénéfique ou salutaire, il n'est plus aujourd'hui possible de la considérer globalement avec un optimisme candide devenu tout à fait anachronique.

La communauté scientifique n'échappe pas au productivisme. Il faut toujours plus de livres, plus d'articles, plus de citations, plus d'expériences, plus de machines, plus d'instruments, plus de collaborations, plus de voyages, plus de conférences, plus d'échanges, plus d'invités, plus de médailles, plus de moyens, plus de séminaires, plus d'étudiants et d'étudiantes, plus d'impact, plus de visibilité, plus de reconnaissance... Participation active – et souvent fière – à la grande fuite en avant. Accélération revendiquée quand le ralentissement serait indispensable.

Nous faisons fonctionner la machine. Nous nourrissons l'ogre. Sans envisager – persuadés que nous sommes du caractère irréfragablement bienfaisant de notre geste – que, peut-être, c'est la direction plus que la manière qu'il faudrait urgemment remettre en cause.

La science ne devrait sans doute plus tenter d'échapper par tous les moyens, possibles et impossibles, à une pensée des intentions, des visées et des enjeux qui dépasse la conviction-réflexe d'une innocuité structurelle.

Il est évidemment très respectable de chercher à observer ce qui ne l'a pas encore été. Le geste est noble. Mais peut-on sérieusement aujourd'hui envisager sans frémir de construire, dans les décennies à venir, un grand accélérateur de particules consommant une énergie supérieure au TWh par an*, coûtant plusieurs dizaines de milliards d'euros et nécessitant la réalisation d'un tunnel souterrain de 90 km de long requérant l'excavation de près de 10 millions de mètres cubes de molasse ? Est-ce digne ?

* Équivalent à la consommation d'un demi-million de personnes en France.

Au-delà des dépenses matérielles, est-ce là que nous plaçons nos priorités ? Alors que la vie s'effondre, que les espèces disparaissent, que la véritable richesse de notre monde (y compris dans sa diversité culturelle) part en fumée, assumons-nous que la mesure d'effets subtils sur les couplages du boson de Higgs – et toute l'immense prolifération technologique qui précède et accompagne l'expérience – s'affiche comme notre fierté du moment ? Il est souvent, et à raison, reproché aux entreprises de poursuivre le « business as usual » malgré la catastrophe qui s'annonce. Les laboratoires n'échappent, pour l'essentiel, en rien à ce constat.

À un niveau plus sociologique, il est intéressant de noter que certaines discriminations qui existaient – et existent encore – chez les scientifiques sont aujourd'hui activement combattues. Voilà qui ne peut que réjouir. Évidemment et inconditionnellement. Il eût été légitime, néanmoins, d'espérer que celles et ceux qui se réclament de la pensée exploratrice devancent un peu la prise en compte institutionnelle du phénomène. Comme on rêve que les innombrables autres discriminations, non encore sur le devant de la scène, non encore admises et reconnues, non encore dans l'air du temps, ne soient plus niées ou invisibilisées.

Si le *statu quo* demeure naturellement sur ces questions la pire option, il serait néanmoins bienvenu de méditer le fait que contrer une injustice en autorisant et en incitant les opprimés ou persécutées à accéder à la haute hiérarchie construite de toutes pièces par les oppresseurs, c'est finalement bien mal les lotir. C'est leur permettre de gravir les échelons d'un agencement systémique qui n'est pas le leur. C'est leur imposer la « réussite » suivant un schème de valeurs orthogonal à leurs revendications initiales, assurant une réabsorption douce dans la matrice qui les renie. C'est finalement conforter les structures en s'en tenant aux ajustements marginaux. Une correction, certes, mais *a minima* et qui rate l'essentiel. Ce que Fanon avait compris, il y a bien longtemps, du point de vue du colonialisme : l'ambition des pays pauvres n'a jamais été prioritairement de ressembler aux pays riches. Refuser de le comprendre condense toute la suffisante condescendance qui gangrène nos analyses.

Au-delà, il est indispensable de penser les rapports de domination globaux dans une perspective contextuelle et historique. Le concept de laïcité – par exemple – a très certainement joué un rôle libérateur. Voire émancipateur. Il ne va pas de soi, c'est le moins qu'on puisse dire, qu'il en aille toujours ainsi. De même est-il probable que la science ait permis de s'opposer, pour le meilleur, aux forces dominantes et répressives d'une autre époque. Ce qui n'assure en rien que sa position quasi hégémonique, au sein de l'Occident contemporain, remplisse toujours le même rôle. Soyons un peu sérieux.

Et n'omettons plus de faire preuve d'une certaine forme de solennité face à ce qui, à l'évidence, le requiert. La question de l'expérimentation animale, par exemple, est délicate, complexe, épineuse. Le niveau atteint par nos violences envers les non-humains est aujourd'hui tel* que le problème des souris de laboratoire ne saurait être posé comme une priorité de l'éthique animale. Nous n'en sommes hélas pas là. Ce qui n'obère le fait que quiconque connaît les pratiques de la recherche en biologie ne peut nier que la mort n'y est pas toujours donnée avec la gravité que le geste exigerait, qu'elle n'est pas toujours assénée en dernier recours et avec la conviction inquiète que la découverte escomptée est à la mesure de l'absoluité de la violence pratiquée. Si tuer quelques rats permettait de venir à bout des cancers, il y a fort à parier que nous conclurions, collectivement et en conscience, à la légitimité de cette brutalité. Soit. Mais, très loin de cette situation, une certaine désinvolture règne aujourd'hui, encore et toujours, autour des animaux sacrifiés sans motif extraordinaire. Une légèreté qui nous semble, indûment, aller d'elle-même. Dangereuse accoutumance à la mort-de-l'autre.

Ce n'est là qu'un symptôme, celui de nos hiérarchies ininterrogées. Celui de nos

* Environ 1 000 milliards de victimes chaque année mais aucun chiffrage consensuel n'existe à ce jour.

évidences inquestionnées. Même au cœur de l'exercice d'une recherche qui devrait précisément enquêter sans relâche sur l'ensemble des croyances qui permettent son déploiement.

Plus généralement, le point nodal qui s'exacerbe ici est le suivant. Il n'y aurait aucun bénéfice, tout au contraire, à encadrer et circonscrire, encore et encore, par de nouveaux règlements ou des protocoles inédits. Ces purs effets d'annonce qui, très généralement, ne changent rien aux pratiques et ne valent qu'en tant que faire-valoir de leurs auteurs ou autrices, contribuent massivement à asseoir une société de normes factices et de codes postiches. Que nos indignations sont promptes à se manifester – dans une sorte de gigantesque éjaculation cathartique – tant qu'elles n'engendrent aucune réflexion profonde sur ce que nous sommes ! Civilisation de l'*indignaction*. Ce qui serait, tout au contraire, ici pertinent consisterait à interroger sans frein la puissance « désinertielle » de toute tentative. De chaque geste, de chaque étude, de chaque élan. De tisser le sens local avec l'enjeu global. Il ne serait question que d'oser penser. D'oser penser la pensée comme un agir – le seul dont la prolifération se révèle toujours bénéfique.

Nombre d'obscurantismes font ou refont aujourd'hui surface. Déni des faits, défiance envers les savoirs. Crainte des conspirations, doute naïf ou malveillant. De l'oubli des bénéfices globaux de la couverture vaccinale à la remise en cause d'une théorie de l'évolution dont la subtilité et la beauté demeurent largement incomprises, les motifs d'inquiétude pullulent. Ces phénomènes sociaux terrifiants conduisent à des situations parfois tragiques et toujours préoccupantes. En ce sens, il serait effectivement légitime d'évoquer un « manque de science » dans notre société. Mais la question ne saurait se réduire à un appel à plus ou moins de science. La problématique est un peu plus subtile. Que la science, sous toutes ses formes, constitue un recours irremplaçable pour prévoir la position des astres, anticiper l'ampleur du réchauffement climatique ou faire face à une nouvelle pandémie relève de l'évidence qu'il convient naturellement de rappeler sans relâche. Il n'en demeure pas moins que rien ne justifie le désenchantement technodépendant de nos désirs et de nos imaginaires. La science excelle en son domaine : cela ne signifie pas que le réel s'y réduise. Et, surtout, cela ne signifie pas que ses modalités et ses pratiques soient ossifiées, comme relevant d'une essence figée et identifiée. L'arrogance scientiste n'est, par ailleurs, certainement pas étrangère au rejet épidermique, certes regrettable, que les réflexions formelles suscitent parfois. Peut-être les praticiens et praticiennes des sciences devraient-elles s'interroger sur leur tendance à confondre un succès situé avec une licéité sacrale.

« La science peut bien éclairer le monde mais elle laisse la nuit dans les cœurs », proposait le sociologue Émile Durkheim[1]. Peut-être faudrait-il enfin que les cœurs rejoignent le monde.

L'important

La science est puissante. Souveraine. Étincelante. Rayonnante de majesté. Presque en extase d'elle-même.

Elle se trouve, pour reprendre l'image du poète Friedrich Hölderlin, en équilibre instable entre ce qui sauve et ce qui met en péril. Une lame de scalpel dont l'incise dans la chair du réel demeure ambiguë. Taillade ou scarification ? Chirurgie ou agression ?

Il est possible que le « cœur dur » de la science puisse être considéré comme neutre du point de vue des valeurs. Mais la science, en tant qu'agencement complexe de pratiques sociales, d'élaborations culturelles et de modalités historico-techniques, est tout sauf désengagée. Loin d'une méditation solitaire ou d'une rêverie bucolique, elle participe – de façon prépondérante – aux orientations civilisationnelles qui sont les nôtres. Qu'elle le veuille ou non, qu'elle le revendique ou le cache, qu'elle en soit fière ou honteuse, la science est aussi un outil redoutable au service des puissances dominantes.

Parce qu'elle est à la fois, sans doute, le joyau et le fléau de l'Occident, la science ne peut être interrogée qu'avec inquiétude et gravité. Sans oublier un soupçon d'insolence sans lequel la pensée, toujours, s'englue dans ses révérences. Nous sommes malades du *logos*. Sublime *logos* qui a ouvert les portes d'une rationalité honnête et triomphante ! Perle de la Grèce ancienne. Concept fondateur, s'il en est, de notre civilisation. Principe et pratique de l'intelligence irrassasiable qui fit la gloire d'une raison jubilatoire. Mais, également, terrible *logos* qui a desséché et binarisé les modes et les mondes de l'Être-à-l'autre. Qui a imposé sa souveraineté comme on administre un empire, décrétant la caducité de fait et la nullité de droit de chaque échappatoire à son emprise.

La science n'est pas la technique. Mais leur complicité demeure indéniable. Du point de vue historique – et contrairement au mythe qui s'est lentement échafaudé –, il serait d'ailleurs plus juste de considérer la première comme un appendice de la seconde. L'idée de technoscience ne désigne pas une entité conceptuelle abstraite mais plutôt une alliance de fait. Une chimère effective. Une hybridation en acte.

Or, se dessine ici une étrange aberration. Se supposant dédouanée de toute réflexion sur le sens et la finalité des moyens employés, la modernité occidentale investit cette technoscience d'un caractère quasi religieux – le sacré, c'est-à-dire le sens, en moins. Une *transimmanence* échouée. Autrement dit : en dépit de ce que le développement tumoral de la technique constitue, à l'évidence, un des moteurs les plus dévastateurs de la catastrophe en cours, c'est, sans la moindre interrogation de fond, vers l'ingénierie que nous nous tournons pour conjurer des méfaits dont elle se trouve, pourtant, largement responsable. Contrairement à ce qu'écrit le poète et dramaturge Jean-Christophe Bailly, nous n'avons pas été incapables d'irriguer notre propre désert : nous l'avons baigné d'eau croupie. C'est pire.

Pierre Thuillier considère que la science porte, dès l'origine, en son essence, les germes du mal. Il ne s'agirait pas que d'une utilisation sociétale parfois défectueuse ou regrettable, mais d'une volonté de manipulation et de domination consubstantielle à la démarche scientifique en son fondement. L'hypothèse ne manque ni d'audace ni d'attrait – ne serait-ce que par l'étonnement qu'elle peut susciter et les remises en cause qu'elle pourrait initier. Il n'en demeure pas moins que cette essentialisation pose problème. D'une part, parce que l'histoire est contingente et il ne saurait être omis que les alliances qui furent nouées peuvent relever de l'accidentel ou du fortuit. D'autre part, et plus profondément, parce que la science n'est pas une abstraction définie et figée. Elle est ce qu'on en fait. Sa nature consiste à se passer de nature. Elle est mouvante, exploratoire, mutine et malléable, par définition. Je la crois justement ouverte et offerte – pour le meilleur et pour le pire – plus que toute autre discipline. Elle désavoue Parménide et embrasse Héraclite.

Si la science est axiologiquement neutre, elle se révèle, en revanche, ontologiquement surengagée. L'erreur suprême consiste à la livrer à elle-même. Elle *peut* fonctionner en large autonomie mais c'est ici précisément que la catastrophe se produit*. Abandonné à ses propres modalités, ce monde mécanique** et comptable prolifère, sans âme et sans désir, sans volonté et sans affect, dans l'illusion délirante d'une parfaite maîtrise. Maîtrise de quoi ? De qui ?

Au-delà du constatif-descriptif, la question pertinente ne porte donc ni sur le bilan de la science – les listes des bienfaits et des méfaits n'en finiraient pas de se narguer dans une compétition sans gagnante – ni sur la caractérisation

* Il ne s'agit évidemment pas de critiquer ici l'indépendance intellectuelle des chercheuses et chercheurs, qui est naturellement bienvenue.

** Qu'il soit relativiste ou quantique n'y change rien.

de son éventuel « en-soi ». Il ne s'agit que de sonder les potentialités non encore instanciées d'un geste pluriel et protéiforme.

Depuis des décennies, tous les champs cognitifs – ou presque – tentent de se revendiquer scientifiques. C'est *le* gage de sérieux. Nulle vérité, nulle connaissance, nulle rectitude, hors de la science ! Voilà la médaille ultime, le nouveau graal. Vive la sociologie « scientifique », la philosophie « scientifique », la musicologie et la psychologie « scientifiques » ! Bientôt la littérature « scientifique » ? Étrange désir d'atrophie. Presque un fantasme de cachexie. Comme si la longue histoire du concept de vérité*, qui référait d'ailleurs initialement à la mémoire plus qu'à la rectitude, s'effondrait dans la seule rationalité logocentrique. Le schéma est métaphysiquement intenable, praxéologiquement inefficace et historiquement mensonger.

* Qui devrait être également appréhendée du point de vue des arts. Qu'on pense, par exemple, à la fameuse phrase de Cézanne, largement commentée par Derrida : « Je vous dois la vérité en peinture. »

La science devrait être à la fois bien plus et bien moins que cela.

Bien moins, évidemment, parce que envisager d'y condenser toute la beauté et la grandeur de la pensée relève d'une forme d'infirmité imaginative. Emprisonner la luxuriance hétérogène et foisonnante de nos intellections dans cette seule modalité confine à la folie.

Bien plus, parce que cantonner la science à ce rôle « régulateur », et finalement presque castrateur, c'est méconnaître son pouvoir de subversion réel. Il est temps, pour son salut et pour le nôtre, que la science – elle aussi – rêve un peu d'ailleurs. Qu'elle se désire en tant qu'art*, qu'elle se fantasme en poème. Sans rien perdre de sa rigueur.

Récuser la brutalité d'un régime d'univocité frénétique.

Les appels – les rappels – à la rationalité triomphante fleurissent de toutes parts. En un

---

* En un sens différent de celui suggéré par le philosophe Paul Feyerabend.

sens, comment ne pas s'en réjouir ? L'obscurantisme n'est évidemment jamais recommandable. Curieusement pourtant, ils émanent tout autant des fondamentalistes religieux que des émules de la zététique. L'explication est simple : ces exhortations bien intentionnées omettent, généralement, que la raison elle-même se révèle profuse et diffuse. Peut-être est-ce déplorable ou regrettable mais il en va indéniablement ainsi et il serait important de se faire un peu conséquent sur ces questions essentielles. Feindre l'évidence ou la transparence est toujours une stratégie dangereuse et stérile. C'est aussi, parfois, une approche vaniteuse, voire suffisante, qui, plutôt que d'affronter la réflexion adverse, préfère lui dénier le statut de pensée authentique. Un geste à l'image des fondamentaux de notre histoire, d'autant moins excusable que nous nous trouvons face à l'évidence de son échec. Un peu d'humilité ne nuirait pas. Et la raison, sous toutes ses formes, en serait la première bénéficiaire.

L'adoration de la rationalité relève du cache-misère. Chacun peut s'en revendiquer – à l'instar de l'amour de la liberté ou de la glorification de la fraternité – mais si un profond travail conceptuel n'est pas opéré en parallèle, la posture demeure purement décorative. Une mathématicienne chinoise, un prêtre français et un autochtone amazonien sont tout autant en droit d'en appeler à la raison. Ils et elle ne s'en privent d'ailleurs pas. Mais, évidemment, ce à quoi ils réfèrent n'a absolument rien à voir, sans qu'aucun primat objectif puisse se détacher.

(De même, chacun peut chérir la liberté mais la question est ailleurs. Il ne s'agit pas d'opposer une écologie prétendument autoritaire à un libertarisme supposé vertueux. Il n'est question que de comparer entre elles deux privations de liberté. Par exemple, la liberté de disposer d'eau potable et d'air respirable serait à comparer au droit inconditionnel et illimité – pour un temps et une petite partie de l'humanité – à jouir des luxes et addictions dont nous sommes devenus coutumiers ou dépendants. Le temps des slogans simplistes est révolu : les mantras bien-pensants et très-pesants se sont usés sur les rugosités de leurs propres incohérences.)

Puisque le mythe du grand soir technologique qui libérera les vivants (à moins que seuls les humains ne soient concernés par l'imaginaire scientiste ?) de leurs maux est illusoire – insensé autant que dystopique – et que les inflexions mineures suggérées au chapitre précédent ratent drastiquement l'enjeu, que faut-il donc faire ? Ou ne pas faire, ce qui constitue une option trop souvent négligée.

D'abord, il pourrait être question, pour les scientifiques, de trahir. Non pas, bien sûr, de trahir les paroles données ou les amours promises. Moins encore l'honnêteté à laquelle ils et elles ont fait allégeance. Rien ne serait plus triste et plus vil. Il s'agirait plutôt de trahir les pratiques héritées et les suivismes implicites. C'est difficile de trahir : on quitte bien plus que sa zone de confort, on abandonne son monde de domination. On perd ses affidés d'antan en demeurant suspect aux yeux de ses alliés à venir.

Trahir l'origine. Admettre les proximités historiales de la science, de la technique et de l'exercice du pouvoir mais en récuser la nécessité structurelle.

Trahir l'attendu. Comprendre le rouage des mécanismes productivistes qui sous-tendent la recherche pour en subvertir les possibles.

Trahir l'inertie. Sentir le poids démesuré de la reproduction à l'identique des schèmes institués pour réhabiliter une dynamique de l'errance.

Résister suppose une oppression identifiée tandis que trahir ne requiert qu'un besoin d'ailleurs.

Trahir par amour, ce serait à la fois le risque suprême et la fidélité authentique. Puisque ne pas trahir, face au dévoiement, c'est trahir plus. Plus profondément, plus insidieusement.

Le concept de trahison fonctionne mieux ici que celui de révolte ou de révolution parce qu'il intègre le poids des attendus. Jouissant d'un prestige social considérable, les scientifiques – comme la plupart de celles et ceux qui bénéficient d'un immense capital symbolique – ont toutes les raisons du monde de souhaiter ne dévier en rien de l'expectative systémique à leur endroit. De ne surtout pas interroger la légitimité de leur statut et le bien-fondé de leur rayonnement. Ce qui vaut, d'ailleurs, sans doute plus encore pour les médecins. Tout conspire à donner l'illusion d'une démarche exclusivement bienfaitrice opérée par les élus ou les lauréates d'une méritocratie supposée neutre et objective. Bien souvent drapée dans la conviction vulgaire de mériter chaque privilège. C'est pourquoi toute posture critique émanant des acteurs et actrices du grand jeu scientifique apparaît inévitablement comme une traîtrise. Une infidélité déloyale et perfide. Presque une félonie.

À tort.

Nul n'est évidemment mieux placé que les héritiers et les héritières, les désignés et les choisies, autrement dit les bénéficiaires naturels de l'immobilisme systémique pour porter un coup fatal à l'ankylose des pouvoirs entérinés. Trahir l'attendu pour servir l'authentique. Ça ne peut venir que de l'intérieur.

Tout cela exige sans doute une redéfinition de la science. Ce qui ne saurait lui faire offense : mouvante et insaisissable, elle n'en finit pas d'échapper, avec fierté, à toute appréhension simple et intemporelle. Elle se joue des tours d'ivoire que certains épistémologues lui ont érigées et se désenclave presque instinctivement des carcans trop serrés. Il va néanmoins falloir ne pas s'en tenir à des rustines de surface. Ce sont les fondements, comme les matériaux, de l'édifice qui sont en question. Les pratiques comme les desseins. Les titubés comme les encourus.

Envisager de trahir, ce n'est pas encore choisir son camp. Ce n'est pas encore savoir où l'on veut aller. Mais c'est déjà sentir que certaines loyautés sont plus signifiantes que celles témoignées à sa corporation, à ses pairs ou à sa carrière. C'est accueillir un peu de la possibilité d'une méta-fidélité à la vie, à l'avenir, à l'improbable, à la beauté ou à l'espoir. Prendre le temps d'affronter les injonctions contradictoires.

Ensuite, il faudrait oser tirer les conséquences de la neutralité supposée du cœur de la science fondamentale. Même si l'hypothèse d'une perversion intrinsèque et indépassable du geste scientifique[1] se révèle incorrecte – ce que je crois et espère –, le risque n'en demeure pas moins considérable. Les derniers siècles ont montré que la connaissance pure ne demeure jamais pure bien longtemps. Il ne s'agit pas que des usages explicitement alarmants, militaires ou industriels par exemple, mais aussi des dangers plus obscurs ou plus implicites. De toute la dynamique d'action, de transformation, d'artificialisation et de réification qui a jalonné le développement des sciences. Qu'on le veuille ou non.

Si donc, comme le jurerait la plupart des praticiennes et praticiens, la science ne porte pas en son sein une collusion indépassable et structurelle avec l'idéologie de domination et d'asservissement qui prévaut dans l'Occident capitaliste, il serait cohérent et bienvenu de ne plus recourir à l'argument récurrent et inquiétant : la science est vraie parce qu'elle fonctionne. Si l'aléthique s'indexe à l'efficace, c'est qu'en effet le ver est dans le fruit. Et ce ne serait pas une bonne nouvelle… D'autant que le fonctionnement en question n'est, en réalité, efficient que lorsqu'il est appréhendé du point de vue de ses propres attentes.

Affirmer la neutralité éthique de la science se révèle donc être on ne peut plus éloigné d'une assertion reposante ou rassérénante. De fait, cela rend l'appropriation possible, pour ne pas dire aisée, par toutes les puissances avoisinantes. Les plus prédatrices et les moins scrupuleuses devenant, inévitablement, les plus agissantes.

Dès lors, loin de donner carte blanche à la science, la prise en compte de l'autonomie – ou de l'indépendance – de son noyau dur invite, tout à l'inverse, à une immense vigilance. Certainement pas à une censure. Moins encore à un encadrement par des « comités *ad hoc* » ou des « chartes de bonne conduite » dont plus personne ne doute sincèrement de la vacuité. Mais plutôt à une recondensation. La science n'est pas qu'un outil dont il faudrait user avec circonspection et intelligence. Elle est une arme de déconstruction ontologique qui peut s'avérer infiniment plus dangereuse ou salvatrice que tout autre instrument à disposition.

En conséquence, la science ne peut et ne doit pas tenter de devenir sa propre philosophie. Laisser « la science penser pour nous », comme cela se trouve être déjà très largement à l'œuvre, relève d'une faute logique autant que d'une faillite politique. L'enjeu ne consiste pas à imposer à chaque découverte ou hypothèse un enrobage épistémologique censé lui donner corps ou profondeur. Il consiste plutôt à laisser vivre l'impulsion. À esquisser le recevoir. À suggérer l'envol ou l'envoi. À ne pas circonscrire l'allant trop densément ou trop prématurément.

Le savoir scientifique rayonne. Il constitue l'un des rares lieux de confrontation avec une altérité si radicale qu'elle surprend celles et ceux-là mêmes qui l'explorent ou l'inventent.

Le monde physique ou biologique n'est pas toujours ce que nous aimerions qu'il soit. Il nous étonne, nous émeut, nous émerveille – souvent –, nous déçoit ou nous inquiète – parfois. Voilà le drame : comment une discipline qui flirte avec l'« éloigné » plus que toute autre peut-elle si récurremment se faire complice de la surenchère affirmatrice ?

Quelque chose a été manqué. L'extraordinaire puissance révolutionnaire de la science – le sens du mot vient d'ailleurs de la découverte de Copernic – fut travestie ou délaissée. Ce qui relevait, en réalité, d'une sorte de convulsion interne devint, paradoxalement, un ustensile de stabilisation des processus sociétaux déjà à l'œuvre. La découverte de la lunette et des lois de la gravitation a sans aucun doute bouleversé le monde de la physique mais ces avancées ont, immédiatement et avant tout, servi à mieux identifier les navires ennemis et à ajuster plus finement les tirs de canon. Au-delà, elles ont largement participé à entériner l'existence d'une vision-du-monde unique, totalisante et inertielle. Rien, en soi, ne les y prédisposait pourtant. Leur éclat, d'ailleurs, ne s'est pas terni.

Il serait bien trop simple d'opposer la « bonne science », fondamentale, pure, désintéressée, à la « mauvaise science », appliquée, ingénierique, technologique. Peut-être un certain manichéisme est-il aujourd'hui légitime face à l'urgence et à l'ampleur de la catastrophe. Mais la ligne de démarcation n'est pas à chercher ici. *Elle se dessinerait plutôt entre la science qui sur-affirme le déjà su ou le déjà cru et celle qui fait vaciller les construits et les édifiés.* L'essentiel est ici.

Il est probable que quelques branches de la recherche soient devenues intrinsèquement intenables. Certains spécialistes de ces disciplines – notamment les plus liées au numérique – considèrent parfois que la seule façon de les rendre vertueuses consiste à les démanteler*. L'option pourrait, à tout le moins, être

* Voir, par exemple, R. Couillet, G. Poissonnier, « Pourquoi et comment démanteler le numérique ? », GRETSI, 2023.

posée sur la table. Discutée avec un sérieux digne de l'enjeu.

Il est impossible, pourtant, de déterminer par avance quelles études conduiront à une déconstruction. La question essentielle a moins trait à la *nature* des investigations qu'à la *manière* de les mener et de les recevoir.

C'est en ce sens précis qu'il semble indispensable, aujourd'hui, de tenter d'*habiter poétiquement la science.*

Une confusion doit être levée. Il était précédemment souligné que les remises en cause ne devaient sans doute pas porter principalement sur la façon de pratiquer la science mais sur les desseins de ses acteurs et actrices. Ce qui pourrait sembler contradictoire avec ce qui est ici suggéré s'il n'était compris que l'attitude dont il est maintenant question ne relève pas des conditions pratiques de l'exercice mais de l'intentionnalité ou de la visée. De la vision. De la représentation ou de la perspective. En science, la modalité est une finalité.

Pour être parfaitement clair : la proposition de cet essai ne concerne ni exclusivement les objectifs ni seulement les moyens. Réinventer les seuls buts de la recherche scientifique (par exemple en reconvertissant les professionnel(le)s en spécialistes du climat) ou ses seules modalités (par exemple en diminuant les émissions de gaz à effet de serre des laboratoires) n'aurait aucun intérêt. Cela se révélerait même largement nuisible. Poétiser la science pour la refonder consiste plutôt à déplacer nos *expectatives* pour infléchir la pratique, renouveler la réception et potentiellement transformer la direction. Il faut d'abord travailler les attentes. Apprendre à aimer l'onto-poéto-logie oubliée ou effacée. Tout en découlera, suivant une contre-mécanique imprévisible.

Il ne s'agit, en aucun cas, d'une posture ornementale. Pas même d'une invitation à la bienveillance. Moins encore d'une ode à la rêverie désuète ou à l'onirisme doucereux. Sans même envisager une exhortation au laxisme. Tout au contraire, l'injonction est précise et exigeante. Presque brutale. La poésie, c'est la rigueur compulsive. C'est le renoncement irrévocable à toute concession. C'est l'obsession de l'exactitude. C'est le calcul, proposait Hölderlin. C'est le meurtre, surenchérissait Mandelstam. La loque de la langue – c'est-à-dire son socle épuré et exhibé –, concluait Bataille.

Le projet n'est pas abstrait. En tous cas, pas abstrus. Il ne saurait, évidemment, être question de statuer *a priori* quant au bien-fondé d'une discipline. Pas davantage d'une méthodologie ou d'un protocole. C'est donc le *rapport au matériau scientifique* qu'il faudrait travailler. Inventer, créer, lire, expérimenter, calculer, écrire... dans l'optique obsessionnelle d'un renouveau radical de notre architecture mondaine.

Toute pensée qui ne construit pas d'ailleurs est aujourd'hui stérile. Morte-née. Presque affidée du crime. La posture, j'y insiste, n'est pas primitivement esthétique, elle est aussi et avant tout – dans le temps que nous traversons – éthique et pratique. Presque politique.

Assujettir la matière scientifique à l'ossature sociétale qui la produit, ce ne serait pas seulement la négliger, ce serait la dévoyer. L'engluer dans une matrice idéologique qui oublie sa propre réfutabilité. Rien ne serait plus erroné que de lire dans la présente proposition une invite à « biaiser » la science, à travestir ses résultats ou à lui imposer conformité avec une vision prédéfinie du monde ou de la société. Tout au contraire, il n'est question que de la libérer du carcan applicatif et productif qui la corsette. Elle est, en puissance, une arme de contestation explosive. Mais elle demeure essentiellement utilisée, compte tenu des cadres dans lesquels nous la faisons fonctionner, comme outil de réaffirmation globale. Ce qui se révèle intellectuellement pauvre et stratégiquement sombre.

Il est aujourd'hui presque acquis que nos prédécesseurs – les humains du paléolithique et du néolithique – furent remarquablement explorateurs[2]. Ils ont essayé, tenté, envisagé une indicible multitude de systèmes et d'organisations. Face aux échecs, nombreux, ils rebroussaient chemin et proposaient des agencements radicalement autres. Ils recomposaient sans cesse leur réel. La singularité de notre temps ne tient pas à l'erreur : nous ne sommes pas les premiers à nous fourvoyer. Elle a trait à l'entêtement. Même face à la certitude de l'échec, aucune remise en question sérieuse n'est encore sur la table.

C'est ici que la science se place en situation de pouvoir extrême et de responsabilité unique. Vient-elle réaffirmer les schèmes à l'œuvre – les renforçant, les déployant, les infléchissant – ou suggère-t-elle la possibilité d'un *tout autre* monde. De même que c'est maintenant la finalité plus que la modalité de notre économie, de notre industrie, de nos structures politiques qui doit être interrogée, c'est également la finalité de notre science qui importe avant tout. Non pas – surtout pas ! – dans ses applications ou conséquences matérielles. Cela demeure heureusement inanticipable. Mais dans ses velléités à offrir un peu de jeu dans un rouage systémique déjà si serré. Si parfaitement huilé.

Chacun conviendra qu'une arme « zéro carbone », entièrement recyclable, demeurerait dangereuse si elle était utilisée à des fins criminelles. Voilà pourtant ce que nous tentons aujourd'hui : décarboner l'économie, la verdir donc !, sans prendre le temps de comprendre que sa *finalité* demeure l'artificialisation systématique du réel et donc l'anéantissement de la vie ainsi, dans une certaine mesure, que l'éradication du sens. Fabriquer des armes létales estampillées « biologiques équitables » relèverait de la farce. C'est pourtant l'exacte analogue de notre actuelle manière d'envisager globalement la situation.

Consommer de la montagne, consommer de l'exotisme, consommer de la culture… Indécence ou déchéance, avec ou sans émission de gaz à effet de serre. *Contradictio in adjecto.* Si la science devient une « consommation de savoir », elle se perd en sauvant le système qui la produit.

Placer les buts ou motifs de la science sur le devant de la scène ne signifie en rien qu'il faille penser celle-ci dans l'optique de ses bénéfices concrets, de sa contribution quantifiable à la lutte contre le réchauffement climatique et l'effondrement de la biodiversité. C'est exactement l'inverse. Toute surconcentration sur ces problèmes ne peut, à ce stade, se déployer que sous hypothèse d'un cadre systémique défini. Or, le cadre systémique est précisément le surproblème dont les autres découlent. Jouer cette carte – celle de la science au service de la « transition écologique » – reviendrait donc, *in fine*, à vassaliser la science aux engrenages mortifères qui engendrent la catastrophe.

La destinée dont il est ici question relève de tout autre chose. Elle a trait à la capacité d'une pensée à ébranler les hiérarchies axiologiques – c'est-à-dire à refonder les valeurs – et à fissurer les certitudes ontologiques – c'est-à-dire à réasseoir les étants.

La poésie n'intervient pas comme métaphore guillerette* mais en tant que dynamique paradigmatique d'une connaissance pointue ouverte sur son propre questionné. Une maîtrise souveraine de la langue qui, pourtant, s'autorise à chaque phrase l'exercice d'une profonde violence à la grammaire comme à la syntaxe.

Il n'y aurait aucun sens à proposer un « programme » de science vertueuse. Mais il demeure, au moins, possible de définir ce que la science ne devrait pas être : un outil assertif de réassurance inertielle, un instrument de consécration des structures établies. Ce qui se pourrait nommer une « épistémologie négative ». Et c'est finalement le rôle de la recherche : ce qui est déjà cru ne mérite pas qu'on y travaille**.

---

* Deleuze, d'ailleurs, le rappelait : il n'y a pas de métaphore.

** La remarque vaut également en philosophie. Il fut souvent reproché à Jacques Derrida ou à Bruno Latour, par exemple, de ne rien exprimer que de paradoxal. Certes. Mais ce qui est déjà consensuel mérite-t-il d'être répété ? Proposer du *para*-doxe est exactement le rôle d'un intellectuel. Surtout en période de crise profonde. Imaginer un instant que le courant poststructuraliste (qui, d'ailleurs, n'existe pas vraiment) puisse être un ennemi des sciences relève du contresens radical et presque de la calomnie.

L'écueil consisterait alors à supposer que seules les découvertes révolutionnaires font sens, que la science n'est légitime que quand elle conduit immédiatement à un renversement total des modèles en vigueur. Voilà qui s'avérerait, pour le moins, élitiste et impraticable puisque de tels chamboulements ne sont jamais tout à fait prévisibles. Il s'agirait plutôt de s'atteler, dans la construction comme dans la réception, à n'user du matériau scientifique qu'avec le désir et le dessein poético-théorique d'une recherche d'ailleurs dans l'ici. Le même modèle physique, biologique, mathématique peut devenir l'inchoatif mental d'un périple exaltant ou le rappel d'un conformisme chétif. Il est question d'attitude autant que de contenu.

Les mathématiques, d'ailleurs, constituent un exemple particulièrement éloquent du point de vue de leur enseignement. Le même savoir formel, celui de la classe de Terminale, peut être pensé comme un outil permettant d'équilibrer ses finances ou bien comme une invite à jouer avec l'infini, à composer avec les nombres imaginaires et à tramer les racines irrationnelles. Que veut-on faire des mathématiques ? Un instrument comptable, un ustensile de la machine capitalistique ou le champ d'accès à une beauté cachée, étrange, déconcertante – encore largement voilée ? Au-delà de la question purement scientifique, se pose donc évidemment celle du statut des arts. Il est ahurissant que leur place et leur crédit soient réduits – à l'école et pas seulement ! – à la portion congrue alors même qu'ils constituent le plus évident lieu d'*explorinvention* des dehors qui font vitalement défaut.

Cette science fragile, aventureuse, libre, modeste quoique audacieuse, humble bien que provocante, titubante mais jubilante ne peut que se savoir infime dans son immense. Elle embrasse peut-être tout le cosmos et plonge jusque vers les quarks et les gluons mais n'en demeure pas moins *un* mode – parmi une infinité d'autres – de confrontation au réel.

Désimpérialiser la science.

Lui reconnaître le privilège de n'être pas seule dépositaire de la rectitude. Mais, surtout, ne pas l'abandonner à une vacuité philosophique qui ne peut que favoriser un développement cancéreux – c'est-à-dire proliférant jusqu'à la lyse – de la sphère technique.

Il n'est d'ailleurs pas étonnant que certains obscurantismes se développent en réaction à une science totémisée, à une science tautégorique. Le processus est presque inévitable.

Très explicitement, il s'agirait d'inventer ou de développer un rapport aux sciences qui leur donne une chance de déployer leur potentiel de refondation mondaine – même dans la plus grande désuétude – plutôt que de les trivialiser en ustensiles ou en arsenaux. Ce n'est pas qu'une question d'usage, c'est avant tout un problème d'attentes. De liens. De lieux.

À raison, nous nous émerveillons des extraordinaires succès de la science. De la relativité générale à la théorie quantique des champs, de la biologie quantitative à la génétique des populations, des mathématiques pures à l'informatique théorique, que d'édifices grandioses* ! Magistraux. Mais peut-être faudrait-il envisager que ces triomphes tiennent, en partie, à ce que nous choisissons – souvent sans même en avoir conscience – de ne plus évaluer nos construits que suivant des critères… scientifiques ! La science est indépassable quand on l'évalue avec ses propres modalités. Évidemment.

L'Occident est prompt à s'enorgueillir d'avoir fondé la science moderne**. Mais il oublie parfois que beaucoup de peuples colonisés nous jugèrent stupides avant de nous découvrir méchants[3]. Loin d'une fascination pour notre virtuosité ingénierique, ils demeuraient sidérés – presque abasourdis – par le manque de sérieux, l'absence de jugement et la pauvreté relationnelle (symbolique et pratique) de nos mondes. Ce qui ne signifie pas que notre science soit une erreur ou une impasse. Mais ce qui signifie que sa magnificence s'ancre

* J'en reste ici à dessein aux seules sciences dures.

** Ce qui, d'ailleurs, n'est qu'en partie vrai et nécessiterait une longue digression historique.

peut-être, au moins partiellement, dans cela que nous ne savons plus l'appréhender qu'à l'aune de ses propres attendus. Suivant une perspective de mesures, de chiffres et d'efficacité – autrement dit, suivant ses critères spécifiques –, il n'est pas très étonnant que la science excelle. Mais *rien* n'assure que ce prisme particulier soit doté d'une quelconque prévalence absolue[4].

Ainsi en va-t-il également du recours aux « experts », aux « spécialistes », aux « autorisées ». Éminemment légitimes et parfois indispensables, ils ou elles demeurent effectivement, à tort, négligées pour comprendre la factualité scientifique d'une question controversée. Beaucoup d'interrogations quantitatives concernant les organismes génétiquement modifiés ou l'énergie nucléaire pourraient, c'est vrai, trouver des réponses claires en écoutant davantage celles et ceux qui savent. Nous *manquons* de sagesse et d'humilité en ne nous référant pas plus aux spécialistes.

Mais… les experts et expertes en restent à l'évaluation au sein d'un paradigme qu'elles ne questionnent jamais. Ils ou elles peuvent, par exemple, rappeler que le nucléaire n'émet pratiquement pas de gaz à effet de serre et qu'il a, jusqu'à maintenant, tué nettement moins que l'hydraulique par kWh produit. C'est vrai. Et il est utile de le savoir. En rester là, ce serait pourtant omettre que les conséquences, à long terme, des déchets radioactifs et les liens entre développement du nucléaire civil et prolifération du nucléaire militaire ne sont pas ici intégrés. Surtout, et plus profondément, la question essentielle n'est alors pas posée : davantage d'énergie disponible, fût-elle parfaitement propre et sans connivence aucune avec les bombes, constituerait-il une bonne nouvelle ? Le raisonnement des technocrates suppose – comme un postulat – que la fuite en avant énergivore ne peut qu'être intrinsèquement souhaitable. Ce qui se révèle, pour le moins, contestable. Finalement c'est l'entièreté de la réflexion signifiante qui est ici passée sous silence, oubliée, effacée. Sous couvert de neutralité, la parole de l'experte ou de l'expert prend le parti inconditionnel du système global de valeurs et de repères qui la rend possible. Rien ne saurait être, en réalité, moins neutre.

Ce qui n'est pas sans écho à la question de la production d'énergie par fusion nucléaire (notamment le projet ITER) précédemment évoquée. Les savants, les ingénieures, les techniciens pourront, peut-être, nous proposer une énergie presque infinie et notablement décarbonée. Alléluia, nous serions sauvés ! Vraiment ? Qui s'interroge sur les conséquences effectives d'une telle éventualité ? Puisque aujourd'hui nous utilisons largement l'énergie pour raser les forêts, dévaster les fonds marins, bitumer les montagnes, éradiquer les espaces de vie, la perspective de décupler ce moyen de suicide/prédation, sans renouveau axiologique, doit-elle être considérée comme méliorative ? Nous n'avons pas commencé à réfléchir sérieusement et la science est otage de cette frivolité, enfermée dans un usage étriqué qui la muselle quant aux immenses interrogations qu'elle saurait susciter.

Résister au diktat du commensurable.

Exergue.

Égypte. Un mot qui fait monde. Qui frôle l'éternel. Presque une uchronie : nous sommes, faut-il le rappeler ?, temporellement plus proches de Cléopâtre que la reine d'Égypte ne le fut des premières dynasties de l'ancien empire. Civilisation du diffracté originel, du multiple primordial : Rê est toujours plus que lui-même[5].

Un ailleurs oublié de la binarité métaphysique grecque. La *maât* comme un défi lancé à la morgue froide du *logos*, soudain chétif ou étiolé. *Cosméthique* désapprise.

Aujourd'hui, des analyses avancées n'en finissent plus de proposer une compréhension fine de l'alimentation des pharaons – les momies indécemment exhibées parlent encore – ou de révéler les méandres des galeries cachées des pyramides. Ce qui, sans aucun doute, ne manque ni d'intérêt anthropologique ni d'attrait archéologique. Mais à quel prix ? Non pas un coût mesurable, mais une sorte de dépoétisation du réel. Une violation du merveilleux. Un désenchantement de l'étrange ou une phobie de l'anomal. Un vouloir-tabuler.

Un écroulé du sens sans ferveur et sans grâce. Une obsession de la monstration. Mais tout en objectivité et neutralité : science oblige.

Le tragique n'est pas tapi au cœur de la science. Il ne se trouve pas même dans l'usage de la science. Il se révèle dans le *totalitarisme* qui fut décrété quant à sa valeur, sa signification et sa légitimité. En donnant tout l'espace cognitif – ou presque – aux sciences et techniques, nous n'avons pas seulement mutilé les autres champs disciplinaires, nous avons aussi appauvri les premières au point de les priver de leur droit d'hybridation. Sans chimères et sans boutures, les sciences s'engluent dans leur puissance d'agir, aveugle et stérile.

Le « faire » de la technoscience se lit, naturellement, dans la profusion foisonnante d'objets, de programmes, de véhicules, de gadgets... Sans aucune interrogation sur la finalité. Sans aucune considération pour les externalités. Pas même une évaluation *a minima* de la balance bénéfice-risque élémentaire. Par exemple : chaque nouvelle génération de téléphonie mobile entraîne une augmentation considérable de la consommation électrique, un accroissement significatif de la pollution et suscite des phénomènes d'addiction et d'acculturation plus que préoccupants. Sans répondre à aucun besoin sociétal réel si ce n'est une amélioration des capacités productives de l'appareil industriel et donc une accélération du suicide collectif. Questionner le bien-fondé de cet emballement quasi nécrophile demeure pourtant impossible sans encourir les foudres du pouvoir politique – l'histoire récente l'a caricaturalement rappelé.

Mais l'agir se lit, plus profondément, au niveau d'une transformation ontologique des objets étudiés. Il n'y a rien de critiquable à ce que la science *réduise* ce qu'elle appréhende. Ainsi en va-t-il de toute tentative de description ou de compréhension : une artiste peintre procède, elle aussi, à une réduction drastique du paysage esquissé. Le terme même de « paysage » contient, en lui-même, un très lourd présupposé quant à nos désirs de domination et de domestication[6]. Il est le symptôme d'une construction symbolique aux insondables conséquences. Tout cela est bien connu et bien compris. Le danger spécifique inhérent à la réduction scientifique ne tient pas à son existence mais à son ignorance. Elle se nie comme telle, elle se désavoue, elle se réfute. Le drame consiste à croire – ce qui relève d'une posture idéologique à la fois naïve et violente – que la science dit la totalité du monde et qu'elle donne accès à l'en-soi de celui-ci. Il ne saurait être question de reprocher à la physique ou à la biologie de rater certaines modalités du réel. Mais il serait dangereux d'oublier qu'il en est ainsi et de supposer – sans même le poser comme une hypothèse métaphysique radicale – que l'intégralité de l'être s'implose ou se révèle ici. Il y a de l'inépuisé.

Le scientisme doctrinal n'est peut-être pas la pire religion. Mais c'est une des seules à se méconnaître comme telle.

Une « forteresse vide ».

Si la science se rêve souvent comme quête démesurée d'objectivité, peut-être faudrait-il alors s'inquiéter de la *perte du sujet* qui ne peut que lui être inhérente. Que quelque chose dépasse l'intime ou l'individuel dans la découverte des lois physiques ou des processus biologiques ne fait aucun doute. Et c'est évidemment magnifique : la science excède le ressassement de nos fantasmes. Il n'en demeure pas moins que cela n'autorise certainement pas à considérer que la résolution de problèmes techniques peut à raison supplanter la confrontation des idéologies ou des projets.

Les sciences permettent de mieux comprendre la nature. D'en sonder les rouages. D'en souligner les stratagèmes et les fonctionnements. Mais, sauf à se focaliser sur l'anthropologie, elles échouent à conclure cette évidence : la nature n'existe pas[7]. La dichotomie du naturel et du culturel est une invention arbitraire – et violente – de l'Occident moderne qui efface les continuités et gomme les contiguïtés. Ce que, pourtant, tous les poètes, et certains philosophes*, savent depuis toujours.

---

* En philosophie contemporaine, on pourra se référer aux très beaux travaux de Baptiste Morizot. Sur cette question, l'essentiel de l'histoire de la philosophie relève néanmoins de l'échec

Le *savoir* scientifique plaide – à corps perdu – pour une révolution systémique majeure. Il montre, dès lors que les interrogations pertinentes sont posées, qu'une remise en cause drastique devient, en un sens, vitale. Mais, en contrepoint de cette invite quasi insurrectionnelle, les *produits* et *pratiques* de la science viennent, tout au contraire, nourrir et corroborer la machine infernale et ses croyances magiques.

Il serait simpliste d'en déduire que la science est vertueuse par essence et vicieuse par errance.

Tout se joue dans l'équilibre instable d'un ouvert chancelant. Dans l'inquiétude enchantée d'un ailleurs suggéré. Une science poétique n'aurait rien de l'exhibition d'une pratique de soi. Elle ne renierait ni la rigueur du geste ni la violence des ripostes. Elle

---

cuisant et de l'aveuglement le plus sidérant. Combien d'élèves de Terminale entendent-ils encore ces ritournelles moisies sur les prétendus « propres de l'homme » (généralement tous faux, à commencer par la sempiternelle « conscience »), qui ne servent qu'à gonfler l'ego des mauvais penseurs ?

n'omettrait pas la grandiose factualité des réponses ou retours du réel. Mais elle saurait les indexer à un cadre contingent et réfutable. Elle saurait les subvertir en promesses hétérotopiques. Elle saurait les accueillir en surprises uchroniques.

Le poétique n'intervient en aucun cas comme une fioriture. Il est le rendre-sensible qui lie les mots au monde. Qui porte l'inquiétude jusques aux cadres et aux structures.

Pour une science pirate.

Pour une science déviante.

Pour une science qui assume son extraordinaire pouvoir de redéfinition du monde. Qui se repaît des étrangetés qui la nervurent. Qui se nourrit des anomalies qui la vertèbrent. Qui porte fièrement ses incohérences et ses contradictions. Qui sait qu'il est toujours davantage question de beauté que de vérité*. Qui propose

* Au sens développé, par exemple, par le mathématicien médaillé Fields de Cambridge et Princeton, Michael Atiyah.

plus qu'elle ne dévoile. Qui suggère plus qu'elle n'impose.

Qui compose avec le sublime, qui frôle le gracieux, qui se joue de son propre jeu. Une science mutine.

Pratiquer la physique ou la biologie en trabendistes du savoir. Juste au seuil de l'institué. En contrebandiers des idées, en bandoliers des concepts.

Stade initial : concevoir la science comme un accès au très loin, au très paradoxal, au très mystérieux. S'émouvoir de sa splendeur et louer sa grandeur.

Évolution : découvrir les collusions implicites, les violences feutrées, la collaboration – souvent involontaire ou inconsciente – au saccage. Renier le geste.

Infléchissement : désirer réorienter la science vers la recherche de solutions à nos problèmes sociétaux. L'apetisser à ses usages convenables et la détourner du fondamental.

Révolution : se réapproprier l'enchantement primitif, car c'est bien là que tout se joue. Y revenir avec véhémence et intransigeance en l'investissant d'un véritable pouvoir transfigurateur. Peut-être même transsubstantiateur. Inflexiblement.

La méta-méprise de notre temps : confondre le descriptif et le normatif. Présupposer, toujours, que ce qui est ne pourrait être autre. Sans doute, cette erreur pourrait-elle s'avérer excusable en un temps de sérénité ou d'opulence – s'il en fut jamais. Elle devient indigne et presque délictueuse face à la certitude d'un déboire dissemblable à tout autre.

Nous savons utiliser l'atome. Mais avons-nous commencé à *penser* l'atome ? Avons-nous cherché à l'articuler avec nos symboles, nos désirs et nos phobies ? Avons-nous épuisé sa puissance d'émerveillement et son pouvoir de sidération ? Autrement dit : au-delà des microscopes et des centrales, avons-nous fait cognitivement fonctionner cette découverte, en tant que rouage d'un système symbolique en perpétuelle récriture ? Avons-nous pris la peine de la faire nôtre, de la ruminer en un sens nietzschéen, sans l'abandonner aux usages inertiels d'une techno-prédation inconçue ?

Plus gravement encore : nous excellons en génétique et en biologie moléculaire, en biochimie et en immunologie mais, aussi nobles et légitimes ces disciplines soient-elles, ne manquent-elle pas drastiquement ce qui caractérise la vie *en tant que telle* ? En réduisant le tout à ses parties – en analysant sans relâche donc –, la science quantitative fonctionne à merveille. Mais elle oublie également le cœur singulier du vivant, ce que le poète Antonin Artaud nommait, inspirant le philosophe Gilles Deleuze[8], un « corps sans organes ». Nul ne songerait à remettre en cause l'incontestable pertinence des savoirs microbiologiques. Mais leur prééminence, pour ne pas dire leur suprématie, pourrait aussi contribuer à nous éloigner d'une compréhension plus vaste, plus profonde, plus souple, plus rhizomique et plus subtile – mais tout aussi réelle – *des* vivants plus que *du* vivant.

(Nous n'avons, d'ailleurs, pas commencé à penser l'intelligence des plantes[9], par exemple.

Tout reste à arpenter, avec l'exigence impérieuse d'une constante ouverture à la redéfinition même de ce qui est nommé conscience, entendement, esprit, raison, discernement, perception, sentience, intellect, pensée, échange, langage...)

Poiêsis, en grec, réfère à une création. Il y a donc, au cœur du concept de poésie, dès l'origine, de l'agir, du faire. Ce qui pourrait se révéler gravement problématique : un élan de plus dans la « frénésie d'action » qui précipite notre chute ? Il n'est heureusement pas ici question de production ou de façonnage. Tout au contraire, l'élaboration poétique se place résolument du côté de la ralentie. Pas nécessairement contemplative, mais inévitablement spéculative. En connivence avec l'incertain et le retenu. À l'orée du tangible.

Faire corps avec la pensée.

Laisser les concepts précipiter.

Voilà qui, sans doute, semble manquer de concrétude. À dessein ! Nous sommes envoûtés au matériel et au palpable. Le philosophe Jean-Luc Nancy osait, avec mille précautions et en conscience des risques de confusion, qualifier le mal de notre temps de « maladie de l'esprit ». Il considérait qu'à l'évidence l'infinité du progrès, nommé tel avec une douce ironie et un brin de sarcasme, était un « mauvais infini »[10]. Notre catastrophe lui apparaissant comme la manifestation des signes entrevus par Freud, Paul Valéry, Bergson, Heidegger, Günther Anders, Jacques Ellul. Le moment d'une *krisis*, c'est-à-dire d'une pathologie qu'il devient enfin possible de nommer parce que les symptômes, comme l'étiologie, s'imposent avec une terrifiante évidence. Tout conspire à le crier : notre problème n'est *pas* technique, il est axiologique et cosmologique. Donc, avant tout, poétique.

Novalis l'écrivait déjà : « La poésie est la base de la société. » Le pari de la modernité occidentale, la dépoétisation du monde, ne peut donc pas être gagné. Ce qui est à la fois terrible et heureux.

Les symptômes annonciateurs ne manquèrent pas. Tout l'arsenal critique est en place depuis des décennies. Du culte de la croissance aux impérialismes de la finance, des délires gestionnaires aux fantasmes numériques, de la recherche obsessionnelle de mécanisation à l'idolâtrie du rationalisme naïf, de l'oubli de l'errance au fétichisme des algorithmes, il n'était pas nécessaire d'être prophète ou devin pour anticiper la catastrophe[11]. Mais que même la connaissance explicite de la « zoélyse » – c'est-à-dire de la destruction totale et méthodique de la vie en son essence même – n'induise aucune réaction à sa démesure, les plus cyniques n'auraient sans doute pas osé l'envisager.

Déliquescence.

L'enjeu, pour les scientifiques, ne consiste pas à se comporter en citoyens modèles. Moins encore à se concentrer sur la recherche d'astuces technologiques. Il consiste, comme pour tout autre acteur de ce monde, à questionner sans relâche les finalités des choix, à fissurer l'architecture des désirs, à renouveler l'entrelacement des symboles, à réveiller l'ingénuité des amours. Comment ? En travaillant l'ontologie, c'est-à-dire la trame des choses et des événements qui fonde notre représentation de l'être-du-monde. La tâche, sans doute, est immense mais les scientifiques se trouvent, sans le savoir et sans le vouloir, vraisemblablement parmi les mieux placés pour l'affronter. Leur travail consiste précisément, dans l'intrication fertile de la découverte et de la construction, à élaborer d'inédites structures fondationnelles.

Le sociologue et philosophe Bruno Latour le rappelait[12] : au-delà de l'évidente révélation de vérités, le rôle essentiel de la science consiste à *inventer des êtres nouveaux*.

Tout est là et c'est assez clair. Un champ quantique est un outil de prédiction admirable. Mais existe-t-il vraiment ? Si oui, que nous dit-il de la trame de la matière ? Que nous révèle-t-il de lui-même ? Quel est le sens des ondes planes qui lui sont associées dans les calculs mais qui ne peuvent pourtant pas exister ? Comment penser l'infinité des degrés de liberté qui apparaissent dans ce cadre et les étranges procédures de renormalisation ? Ces interrogations ne sont pas nouvelles, pas même originales, mais elles sont hélas délaissées. Il ne devrait pourtant aujourd'hui plus principalement s'agir de faire fructifier mais de mettre en monde les propositions scientifiques.

Reste à mener ce questionnement, cette investigation créative, cette recherche minutieuse et acharnée, *en poète*. Avec une volonté farouche de désinstrumentalisation et de réourdissage.

Si elle s'attèle à « produire du savoir » et à « consommer de la connaissance », la science se fait complice du désastre. Elle alimente l'appareil de réification massive. Elle corrobore la désublimation du commun.

Si, à l'inverse, elle ouvre – à partir du même matériau, appréhendé différemment – des lignes de fuite et des plans de fugue, elle participe à une dynamique d'extraction et d'enchantement.

Il s'agit donc avant tout de se ressaisir des propositions scientifiques dans une optique de décadrage. D'en user sans retenue suggestive mais avec réserve productive. De ne plus *accumuler* les expériences, les articles, les théories, les découvertes (prétendument révolutionnaires et oubliées dans le mois qui suit). Mais de prendre le temps de se laisser pénétrer par une idée. D'en sonder le potentiel perturbateur. D'en sentir la puissance séditieuse. La faire vivre, en tant que telle et dans la perspective d'un réseau de signification. Sans autre conséquence escomptée que la plus désuète et la plus profonde : détisser l'évidence et retramer à partir de l'insolite.

Moquer la techno-thaumaturgie.

N'être plus obnubilé par les applications, les publications, les citations, l'impact, la visibilité, la satisfaction auxdits « critères d'excellence »… tout cela relève finalement du bon sens élémentaire. Au-delà de ce rappel presque évident à une pratique plus saine et plus sérieuse de la science, l'essentiel – c'est notre hypothèse – se joue donc au niveau moins immédiat de la réhabilitation poétique de la pensée scientifique. Autrement dit : de la valeur conférée à la chaîne référentielle dans laquelle elle est insérée ou immiscée. Une pensée ne vaut que par son articulation aux autres îlots de sens. Que par l'archipel qu'elle contribue à esquisser. Que par sa contribution à la créolisation des perspectives.

Pour une science oblique. Irrévérencieuse et incongrue. Sans phobie du plurivoque. Polysémiquement juste. Rigoureusement erratique.

Pour une science fertile, qui essaime plus qu'elle n'endigue. Qui se risque à l'inouï et pactise avec l'invu.

Composer, respectueusement, avec *les* raisons sans sombrer dans le culte révérencieux de *la* raison. Laisser *logos* fleurir. Et disséminer.

Habiter poétiquement la science – en praticien ou en citoyen –, ce serait donc avant tout la désarrimer du réseau de confection pour la réintégrer dans un entrelacs de significations. Sans laxisme et sans relâche.

Un coup d'arrêt aux ardeurs systémiques mais une impulse pour le foisonnement épistémique.

Ce n'est pas qu'un problème de mésutilisation des connaissances scientifiques. Le rapport productiviste au savoir est déjà, en lui-même, pernicieux. Même au cœur des sciences fondamentales. Toute la logique vicinale de l'investigation pose question.

Pour une science *pénétrable*. Certainement pas démagogue, praticable par tous et dénuée de technicité. Cela n'aurait aucun sens et relèverait d'une forme de populisme. Mais offerte à l'introduction ou à l'intrusion des corps étrangers de la pensée inconfortable et contradictoire. Ouverte aux contaminations et poreuse aux expropriations.

Pour une science nomade. Touareg ou tzigane. Bohémienne de la vérité.

Le philosophe Walter Benjamin s'inquiétait de la perte de l'aura à l'heure de la reproductibilité technique des œuvres d'art. Supplanter une valeur d'échange à une valeur de culte signe une négation du sens même de la création. En déportant cette réflexion dans le champ économique, et suivant les travaux du spécialiste Clive Spash[13], il serait aisé de montrer qu'aucune idée n'était plus incongrue et nocive que celle consistant à tenter d'accorder une valeur marchande à ce qui ne peut en avoir. À ce dont la qualité n'a rien d'une quantité. À ce qui procure sans coûter. Chercher à sauver le vivant en l'insérant dans le système macro-économique amplifie sa désubstantialisation. Nous pensons en termes de catégories et pas d'individus. Nous appréhendons les stocks, plus les personnes. De la même manière, indexer la science au moule techno-nihiliste signe une idéologie de la perdition. Un gâchis enjoué et médiocre.

La science comme un Janus : deux visages pour un même corps.

La proposition – celle de l'instauration d'un rapport profondément poétique au matériau scientifique – ne concerne pas que les chercheurs et chercheuses. Elle constitue une ébauche de projet civilisationnel. Elle porte tout autant sur les attentes et les espoirs de la société dans son ensemble que sur les pratiques et les méthodes des spécialistes et des experts. Elle entend forcer l'irruption, en l'abordant par le biais le plus inattendu qui soit : la question oubliée de nos aspirations. User d'une réappropriation de la science, supposée à tort indépendante et autonome, pour briser l'inertie tragique imposée par nos funestes passions. Que physique, mathématiques et biologie* deviennent – en trahissant par amour – les premiers déclencheurs d'un déraillement qui les dépasse. La voie ferrée menait à l'abîme et il n'est plus question de se cantonner à des réensauvagements décoratifs.

Sur les pas d'Ivan Illich, penser la convivialité des savoirs contre l'asservissement de leurs emprises[14].

* Une fois de plus, la proposition vaut évidemment aussi pour les sciences humaines. Mais elle est alors moins radicale et plus attendue.

Avec un brin de provocation, le projet pourrait s'énoncer ainsi : faire tomber la science. Non pas, évidemment, pour la défaire ou la détruire. Mais, tout au contraire, parce que c'est en chute libre que les corps échappent aux forces qui les confinent ou les condamnent. Perdre l'hégémonie pesante pour gagner un peu de légèreté pensante. Trahir très exactement là où ce n'était pas même envisageable : au cœur du *logodéisme* de l'Empire*.

Pour une science libre, au sens du philosophe Jean-Luc Nancy, c'est-à-dire aux prises avec « un dehors qui n'est pas extérieur au monde mais qui l'ouvre en lui-même[15] ». La liberté comme un écart au cœur de l'objet – au-delà ou en deçà du projet immanentiste. La liberté comme une redécouverte de ce que l'Un ne peut être que plus d'un. Attaché à un dehors qui, « intérieur à chaque être, le rapporte à ce qui échappe à tout rapport[16] ».

---

* Empire étant ici pensé au sens proposé par L. Yousfi dans *Rester barbare*, Paris, La Fabrique, 2022.

Plus prosaïquement, le plaisir ressenti par les praticiens et praticiennes dans l'exercice de leur profession ne saurait faire loi. Ce critère, seul, ne peut servir de règle. Un hédonisme normatif se révélerait à la fois insuffisant et dangereux, omettant l'enjeu social-global de la pratique scientifique. Mais il pourrait, *a minima*, se faire guide. D'abord, en un sens presque trivial : notre entêtement vers une civilisation du travail triste – alors même que le développement des machines devait nous en libérer ! – relève de l'aberration. Ensuite, et en un sens plus subtil, parce que l'indispensable désaliénation pourrait bénéficier d'un certain épicurisme formel. Un contrepoint de bonheur et de modération, aussi désuets ces concepts puissent-ils aujourd'hui sonner. C'est d'ailleurs précisément leur anachronie qui fait sens : ne pas laisser la technoscience faire main basse sur une temporalité nécessairement multiple et diffuse en imposant la linéarité spatiale de son rythme calendaire. (Le temps de Bergson n'est effectivement pas celui d'Einstein et c'est là un grand motif de réjouissance.)

Si, comme le proposait le philosophe Michel Serres, la physique naquit dans le texte de Lucrèce[17], deux leçons essentielles semblent avoir été oubliées. La première, c'est évidemment que le *De Natura Rerum* est un poème. Et pas n'importe lequel ! Plus de sept mille hexamètres dactyliques, empruntant donc au genre « épique », enflammés et emphatiques. Il ne saurait bien sûr être question de recommander que les articles soumis à *Physical Review Letters* au XXIe siècle soient à nouveau écrits en vers. Mais il pourrait être bienvenu de renouer avec une certaine poétique discursive qui visait moins à enrober le message scientifique d'une parure esthétique qu'à s'assurer qu'il demeure irrévocablement lié à son objet comme à son sujet. La dichotomie de la forme et du fond est une invention arbitraire – comme l'ensemble des topiques savantes qui délient les disciplines et enclosent les compétences.

La seconde leçon tient à ce que Lucrèce, sur les pas d'Épicure, adossait très clairement sa physique à une éthique. Non pas à une déontologie, ce qui demeurerait anecdotique, mais à une véritable morale. Il s'agissait avant tout de déjouer le piège de l'universalisme. De penser le local. De s'innerver des turbulences et circonstances de l'ici afin de ne jamais noyer l'appréhension du monde dans une totalité fantasmée et brutale. *Logos* ne s'oppose pas à *mythos*. Il rappelle, plutôt, que les damnés de la tradition, les Tantale, Sisyphe et Tityos ne sont pas des personnages imaginaires mais les victimes allégoriques d'une violence réelle disséminée dans le monde réel. *Hic et nunc.* Renouer avec l'attention à l'infime et au modique. Jouer Montaigne contre Diderot : les encyclopédies sont parfois des sépulcres ou des cénotaphes qui érodent les spécificités en subsumant le particulier sous l'universel de concepts désincarnés. La physique de Lucrèce entrelace une mathématique subtile avec une sensibilité exacerbé au céans. Ouverte au fortuit et à l'accidentel.

Nous nous enlisons dans une fausse logique du *clinamen*. Nous cherchons des infléchissements infimes qui auraient des conséquences… infimes ! Ça n'a aucun intérêt[18]. Ce que Lucrèce évoquait au *De Natura Rerum*, c'était au contraire une déviation, ou plus exactement une déclinaison, *nec plus quam minimum**, qui, pourtant, conduisait à un résultat extraordinairement autre et absolument inanticipable. Un espace ensemencé d'étonnement.

Il n'est pas insensé de visiter ou de lire notre histoire à l'aune d'un balancement, hésitant et chaotique – mais incessant et sans doute indispensable – entre deux pôles antagonistes et complémentaires : pulsion technique et passion artistique. Uranie et Calliope. Science et poésie. Il serait aisé d'y déceler, insidieusement larvés, tous les couples fondateurs des vieilles dichotomies de notre vieille métaphysique. Jusqu'à la caricature – presque à la contrefaçon. On n'en finirait plus de tenter d'y percevoir nos binarités récurrentes et de s'interroger en vain : qui est salvateur, qui est pernicieux ? Après avoir envisagé toutes les variations possibles – et parfois impossibles – sur le thème épuisé du métissage

* Pas plus que le minimum.

ou de la bigarrure entre science et poésie, peut-être faudrait-il inventer enfin une nouvelle organicité : la science *en tant* que poème*. Ce qui exige à la fois de repenser l'écriture *et* la lecture. Le texte *et* sa réception.

---

* La proposition n'est pas commutative : le poème en tant que science n'aurait aucun intérêt.

L'exemple

L'interprétation n'est pas un détail. Elle est le cœur et la substance d'une théorie scientifique dès lors que celle-ci est conçue ou reçue au-delà de sa seule capacité d'anticipation ou d'application (encore que, même de ce point de vue, il soit impossible de s'en passer tout à fait). Toutes les théories sont interprétées. Il faut des mots pour désigner ce à quoi les équations s'appliquent, pour édicter les domaines de validité, pour circonscrire le champ d'application. Plus essentiellement, l'interprétation confère à la proposition scientifique son *sens*, elle lie le formalisme au réel, elle permet l'édification d'une image-du-monde.

Curieusement, cette dimension est souvent marginalisée. Considérée comme secondaire ou dispensable. C'est pourtant ici, me semble-t-il, que les propositions les plus audacieuses et les plus fascinantes ont été esquissées ces dernières années. Non contentes d'éclairer les modèles, elles les greffent dans un lacis symbolique.

Un seul exemple : la mécanique quantique. Depuis plus d'un siècle, elle constitue notre meilleure théorie physique. Elle fonctionne à merveille et ne cesse d'impressionner par sa précision et sa cohérence. Jamais elle ne fut mise en défaut. C'est la meilleure description du monde physique dont nous jouissons aujourd'hui. Naturellement, il n'y aurait aucun sens à la décréter « vraie » au sens fort du terme : comme toute proposition scientifique, elle sera remplacée par une nouvelle vision qui redéfinira la grammaire même du langage décrivant la Nature. En ce sens, il n'y a d'ailleurs pas même de « progrès » de la vérité scientifique – un lieu commun épistémologique trop souvent négligé. Chaque nouveau paradigme est infiniment distant du précédent comme du suivant[1] et aucune « distance » ne permet de définir un éventuel rapprochement de « la » vérité.

Si elle existe*. Toujours est-il que la mécanique quantique demeure, à ce stade, inégalable. Rien ne semble échapper à sa sagacité.

La physique quantique défie le sens commun. Elle dévoile un réel discontinu et montre que les prédictions ne peuvent être que probabilistes. Il ne s'agit pas d'un simple déficit d'information ou d'une lacune transitoire de la théorie. Il semble *impossible* d'anticiper exactement la valeur de toutes les variables, quelle que soit la connaissance du système. Presque une nouvelle blessure narcissique.

Tout cela *fonctionne* à merveille. La physique quantique rend compte des expériences et permet d'anticiper les phénomènes. Elle se révèle tout aussi indispensable à la description des trous noirs primordiaux et des atomes froids qu'à l'élaboration de composants semiconducteurs ou de machines d'imagerie par

---

* Il n'est évidemment pas ici question de laisser entendre que toutes les propositions se valent. Une telle posture n'aurait aucun sens ni aucun intérêt. Mais l'existence de hiérarchies de valeurs ne requiert en aucun cas l'existence d'une méta-justesse.

résonance magnétique. Mais que dit-elle vraiment du monde ? Que nous apprend-elle du réel ? Quel est son sens profond ?

Remarquablement, de nouvelles propositions révolutionnaires ont vu le jour récemment. Parmi celles-ci, l'interprétation *relationnelle* du physicien Carlo Rovelli suscite débats et controverses. Elle repose sur quelques hypothèses simples qui éclairent la mécanique quantique d'un jour – ou d'un clair-obscur – nouveau.

La description usuelle de la physique quantique use abondamment de la notion de mesure. Dès lors qu'un tel processus a lieu, s'ensuit un étrange phénomène d'effondrement de la fonction d'onde décrivant le système. Voilà qui s'avère, en soi, très mystérieux et dénué de toute signification assignable : comment une entité mathématique qui emplissait tout l'espace pourrait-elle instantanément imploser en un point ? Mais, de façon plus incompréhensible encore, le concept même de mesure est mal défini. Quand y a-t-il vraiment mesure ? Cette question est essentielle et différentes réponses autorisées conduisent à des descriptions antagonistes de la même séquence expérimentale. Il y a incohérence. Sans même mentionner le paradoxe Einstein-Podolsky-Rosen qui montre que, dans certains cas, des corrélations existent entre les états d'objets arbitrairement éloignés – remettant ainsi nécessairement en cause certains piliers de la science de la nature. Comme si mesurer la manière dont vibre un photon pouvait « instantanément » influer sur celle d'un autre grain de lumière se trouvant à plusieurs milliards d'années-lumière, pour peu qu'ils aient été émis en même temps et dans certaines conditions.

La proposition rovellienne* permet de venir à bout de toutes ces difficultés. Elle prolonge la vision relationnelle que la physique n'a eu de cesse de suggérer. Le mouvement est relatif, c'est aujourd'hui une évidence qui a pénétré nos imaginaires : nous sommes fixes (ou

* Francesca Vidotto a proposé – avec succès – d'étendre cette vision relationnelle à l'ensemble de la physique.

presque) par rapport à la Terre mais nous nous déplaçons à un demi-million de kilomètres par heure dans le référentiel cosmologique. Les deux points de vue sont justes. Dans la même veine, mais avec une tout autre portée, il s'agirait maintenant de déconstruire l'idée même, absolument centrale pourtant, d'un « état quantique ». L'état d'un système ne pourrait finalement qu'être *relatif* à un autre système. Les choses n'existeraient qu'en tant qu'elles interagissent. Autrement dit : la même fleur pourrait être bleue pour une guêpe et rouge pour une abeille. Le fameux « chat de Schrödinger » pourrait être, simultanément, mort pour son maître mais bien vivant pour son chaton juste né. Les variables ne prendraient plus valeur *que* lors des interactions.

Dissolution – presque dislocation – de l'absoluité.

L'image est littéralement révolutionnaire.

D'abord, parce que, non sans une certaine ironie, elle contribue à suggérer un réel bigarré et polychrome qui s'inscrit en opposition radicale avec ce qu'une lecture naïve croit déceler dans le geste scientifique. Tout au contraire d'une mise en ordre drastique révélant *le* monde en tant que tel, il se pourrait que la physique suggère une profusion perspectiviste plus débridée et foisonnante que tout ce qui fut imaginé jusqu'alors. Plus audacieuse et impudente que les plus intrépides hypothèses des philosophes postmodernes !

Ensuite, parce que c'est le cœur même de l'ontologie qui se trouve ici diffracté. La possibilité de penser un « en-soi » s'évanouit. L'Être devient pluriel et relatif *dès l'origine*. Le monde se démultiplie en son sein. Ce qui pose d'ailleurs une question annexe immédiate : s'agit-il d'une caractéristique propre du réel ou de la forme quintessentielle de ce que la science peut en dire ?

Que deux observateurs ou observatrices qui n'interagissent pas puissent être conduites*

---

* Pour qui ne serait toujours pas, à ce stade, convaincu par cet accord, voir le guide en ligne du Haut Conseil à l'Égalité.

à des descriptions incompatibles des mêmes événements n'est contradictoire que du point de vue d'un « œil de Dieu » qui, précisément, n'est pas le nôtre. La leçon est magistrale et nous n'avons pas commencé à en tirer les conséquences.

Contrairement à ce que toute la tradition galiléenne nous enjoignit à penser, la modélisation physique d'une évolution ne parlerait donc plus « au nom de la Nature » mais toujours, inévitablement, en celui d'un rapport spécifique, parmi une infinité d'autres possibles, à la nature. Sans majuscule. Il ne serait plus question que d'exprimer un point de vue. Non pas parce que la description neutre et globale serait trop complexe ou trop obscure mais parce qu'elle *n'existerait pas*. L'histoire universelle comme un leurre, une approximation ou une appropriation.

Le multivers ici et maintenant.

En quoi tout cela pourrait-il présenter un lien avec la catastrophe écologique ? Mais en tout ! C'est très précisément ici que la science peut jouer un rôle salvateur. Non pas, je le répète une dernière fois, en tentant de limiter les émissions de CO_2 d'un développement techno-artificiel réificateur et débilitant, mais en proposant une nouvelle vision du monde. Qui, de fait, conduit à créer un autre monde dans le monde. Qui, peut-être, nous donne une chance parce qu'il fait, un peu, vaciller nos certitudes les plus enracinées.

L'Occident* contemporain n'a pas oublié la transcendance. Il a fait bien pire : il a transcendantalisé son immanence. Il a cru, passionnément, que son élaboré était un offert. Il a sacralisé la profanation.

La chercheuse écopsychologue Catherine Thomas rappelait qu'une immense lacune des approches scientifiques du réel tenait à ceci qu'elles omettaient, pour l'essentiel, les *relations* qui constituent le cœur du sens[2]. Les

* Au sens large de Sony Labou Tansi. L'Occident n'est plus un lieu, c'est une certaine manière de salir sans douter et de détruire sans vaciller.

sciences dures se focaliseraient sur les choses au détriment des interactions ou des échanges. Elles décomposeraient leurs objets en omettant les liens qui fondent le réseau des significations. Très exactement ce que, sans le rechercher, l'interprétation relationnelle de la mécanique quantique vient profondément contredire ou dépasser. Une petite rébellion qui, pourtant, ne déroge à aucun des principes fondateurs des sciences physiques, bien au contraire.

La science est un irremplaçable outil de re-dé-con-struction. Le pouvoir d'ébranlement systémique de sa poétique, exigeante et rigoureuse, sévère et séditieuse, se révèle irremplaçable à plus d'un titre. Non seulement parce qu'il touche toujours, d'une manière ou d'une autre, au socle sur lequel s'élaborent les imaginaires et les symboles, mais aussi parce qu'il a structurellement partie liée avec un élan. Il est mouvement, flux et turbulence. En accord avec Lucrèce et Épicure, jusqu'à l'invention de la déclinaison infime mais essentielle.

User de la science comme d'un simple accessoire d'étaiement et de fortification des présupposés systémiques – l'effondrer dans une pratique de consécration presque despotique – constitue plus qu'une offense à sa beauté et à sa grandeur. C'est également, et peut-être même surtout, une perfidie ou une forfaiture quant à son histoire elle-même.

L'ontologie relationnelle de la mécanique quantique n'est qu'un exemple. Elle n'en demeure pas moins archétypale. D'immenses programmes de recherche, extraordinairement coûteux et massivement médiatisés, sont consacrés aux « ordinateurs quantiques ». Osant parfois des arguments proprement ahurissants qui révèlent notre profond ensorcèlement : « ils permettront de mieux lutter contre le réchauffement climatique » ! Aucune limite aux inepties indécentes. Tyrannie de la bêtise. Incapables du moindre recul, nous nous enlisons dans l'usage du pire pour tenter – sans succès – de contrer le mal. En revanche, les réflexions fondationnelles et philosophiques sur le *sens* de la physique quantique, sur son prodigieux pouvoir de métamorphose structurelle, sur sa redéfinition radicale des états-de-choses, demeurent socialement marginales. Anecdotiques du point de vue de l'enseignement comme de la recherche.

L'interprétation de la mécanique quantique, comme celle de la relativité générale ou de la thermodynamique d'ailleurs, relève-t-elle de la physique ou de la métaphysique ? Peu importe ! Si la taxinomie se fait geôlière, oublions-la, détruisons-la.

Il eût été plus évident encore de choisir un exemple à l'interface de la biologie. Récemment, des travaux sérieux[3] présentent quelques arguments profonds et rigoureux laissant entendre que l'évolution biologique ne *peut pas* être décrite par la physique. Non pas pour des raisons pratiques – de cela personne ne doute –, ni même parce que le sens de la causalité serait ici parfois renversé (c'est la fonction qui dicte l'existence), mais parce que la vision diachronique, c'est-à-dire évolutive, contredit l'un des postulats de la théorie des ensembles qui fonde les mathématiques. L'idée ressemblerait à cela : l'« axiome d'extensionalité » requiert que deux ensembles soient considérés comme identiques si et seulement si ils sont composés des mêmes éléments. Mais, en biologie, l'émergence des potentialités ne *peut pas* être définie *a priori*. Il est impossible de connaître par avance les fonctions potentielles d'une partie d'un ensemble. Il s'agit, au sens fort, d'un indéfini. S'ensuit une incompatibilité essentielle et irréductible entre une description fine de la sélection naturelle et les bases des mathématiques. Autrement dit encore : le monde n'est pas un théorème. En opposition farouche à Platon et à Bohr mais en accointance avec ce que Wittgenstein notait déjà dans ses *Remarques sur les fondements des mathématiques* : l'inférence ne peut pas produire de surprise. Au sens kantien, elle relève presque du jugement analytique…

Il n'est pas certain que ces propositions soient justes. Loin s'en faut. Mais elles sont immenses ! Elles constituent des invites irremplaçables à réachalander notre aperception de la vie et son articulation avec la science. Il y a ici matière à méditer. À revoir certaines certitudes non dites et à en tirer d'inimaginables conséquences.

Si c'est bien parce qu'une force (en tous cas au niveau newtonien) agit sur les corps que les étoiles se forment et s'allument, ce n'est nullement cette causalité triviale qui pourra expliquer l'émergence d'un cœur ou d'un poumon. C'est ici l'utilité qui induit l'existence. Tout cela est bien connu mais les leçons n'en sont pas encore tirées et pourraient porter bien au-delà de l'escompté.

Il serait aisé, avec Nietzsche, Heidegger ou Bergson, de rappeler que les sciences et techniques touchent un pan du réel qui, loin de l'épuiser, l'assèche et l'étiole parfois. Qu'en se cantonnant au quantifiable, au mesurable, au « spatialisable », elles peuvent rater l'Être en se focalisant sur les étants. Qu'elles s'éloignent, souvent, des questions les plus sérieuses et d'une authenticité qui ne peut, précisément, se définir qu'en opposition à l'objectivable. Au sens de Kierkegaard, elles ratent l'existence. Tel n'est pourtant pas notre propos. Il consiste plutôt à souligner que les interrogations et explorations scientifiques ne sont pas anodines. Qu'elles contribuent à dessiner autant qu'à dévoiler. Qu'à ce titre, elles exigent une prudence et une intelligence à la démesure de leur puissance et de leur radicalité. Les enchâsser dans une poétique disséminante ne vise en rien à les emprisonner. À l'inverse, il serait plutôt question de leur octroyer une force autrement plus conséquente que celle d'outil de sur-affirmation du *statù quo* : inventer un pouvoir de dissolution et de recondensation. Comme un solvant qui pourrait être jeté sur la toile du *maître*.

Les sciences jouent incontestablement un rôle majeur dans l'affirmation égotique d'une humanité prise au piège de ses fantasmes de toute-puissance. Mais elles pourraient également se faire ustensile essentiel d'une humilité réinventée. Car elles constituent en effet un magnifique pont avec l'hors-soi véridique. Elles sont un des rares lieux de la pensée où se dévoile un pan du réel qui échappe en partie à nos projections. Habiter poétiquement la science, ce serait donc aussi accueillir à bras ouverts cette nouvelle offense narcissique : la mise en lumière de ce qui se dérobe à nos attentes. Le monde n'est pas qu'un rêve humain et la dignité des sciences consiste à nous le rappeler sans cesse.

Les énoncés scientifiques ont ceci de magnifique qu'ils dépassent et déportent nos expectatives. Ils soulignent nos incohérences et nos incomplétudes. Forcent la modestie. Même si, *in fine*, ils demeurent évidemment tributaires d'une ontologie qui les dépasse et d'un cadre épistémique qui, toujours, demeure susceptible de se voir déconstruit.

Hanter poétiquement la science pour libérer son extraordinaire puissance d'insoumission. Que l'arme d'asservissement (re)devienne force de résistance. Récalcitrante et insubordonnée.

L'impossible

Les mathématiques occupent une étrange position dans l'architecture de la pensée humaine. Elles s'apparentent parfois à une outrageuse simplification du réel permettant prédictions et anticipations, classements et constructions. En d'autres circonstances, pourtant, elles semblent revêtir une dimension profondément métaphysique et dévoiler quelque chose de subtil et de profond quant à la structure intime du monde – ou de la pensée qui tente de l'appréhender. Le débat remonte à Platon et Aristote.

Contrairement à l'image caricaturale – et sans doute, en partie, inévitable – véhiculée par l'enseignement secondaire, nous l'évoquions, les mathématiques constituent un immense espace de créativité et d'essaimage.

À la différence des sciences de la Nature, les structures et les ensembles peuvent ici être créés par la seule puissance de la pensée. Le praticien se fait démiurge, sans arrogance ni vanité pourtant. Mais les mathématiques sont également nervurées d'incertitudes : depuis Gödel, l'existence inévitable de propositions ni démontrables ni réfutables s'est imposée comme un séisme dans le rêve – ou le cauchemar – d'une vérité transparente et univoque.

Hilbert s'est échoué sur les rives de l'incomplétude.

Et au sein de cette nébuleuse élégante, inquiétante, fascinante : une singularité.

Une singularité nommée Alexander Grothendieck[1].

Unique, il le fut naturellement au titre de son génie scientifique, de son extraordinaire créativité, de sa puissance de travail sidérante. Réinvention de la géométrie algébrique, refondation des mathématiques, élaboration d'une approche holistique et audacieuse. Sans aucun doute, Grothendieck fut l'un des géants de la pensée formelle dont l'héritage s'avère le plus insondable*. Son empreinte demeure – à plus d'un titre – sans commune mesure. La titanesque citadelle qu'il édifia dans le paysage mathématique éblouit tout autant par la franchise de ses traits que par les innombrables anfractuosités de sa surface.

Mais le miracle est (aussi) ailleurs. Celui qu'on nomma l'« Einstein des mathématiques » fut également un visionnaire quant à l'état du monde. Capable de penser au-delà des valeurs égrainées, au-delà de la reproduction des schèmes de confort, au-delà de l'évidence factice de l'imposé, Grothendieck a compris l'intenable et l'insensé du réel qui s'échafaudait autour de lui. Loin de céder à la facilité un peu vulgaire d'une critique de l'ailleurs émise depuis la sérénité d'un ici supposé exempt de griefs, il dénonça la pratique des sciences fondamentales. Il s'interrogea violemment sur le

* Il fut lauréat de la médaille Fields – le « prix Nobel des mathématiques » – en 1966. Mais son rayonnement dépasse infiniment celui de la prestigieuse distinction.

sens d'une démarche dont les enjeux souvent élitistes et les méthodes parfois brutales devenaient un moyen d'asservissement plus qu'un outil d'extraction ou d'épanouissement.

Parce qu'il découvrit qu'une part infime du budget du très prestigieux Institut des hautes études scientifiques (de toutes pièces créé pour lui) émanait du ministère de la Défense, Grothendieck en démissionna sur-le-champ. Comme il refusa, d'ailleurs, le prix Crafoord arguant qu'il réfutait les prérogatives sociales qui en découleraient autant que le luxe superfétatoire de la récompense pécuniaire.

Avec l'élégance fine et la délicatesse pointue de ceux qui se savent et se veulent étrangers en leur propre territoire, Grothendieck déplorait le statut quasi hégémonique de la pensée mathématique. Il fustigeait les ravages de la logique binaire dans les interactions sociales. Regrettant que les sciences humaines prennent exemple sur les sciences dures, il sentait la vacuité et la fragilité de la forteresse apparemment imprenable qui se construisait sous ses yeux.

Alexander Grothendieck avait parfaitement anticipé le désastre écologique en cours. Son analyse extraordinairement lucide du précaire de la situation était d'ailleurs concomitante aux conclusions du « Club de Rome » qui soulignait une évidence pourtant depuis négligée par les pouvoirs publics. Le mathématicien, néanmoins, a pensé plus profondément et plus radicalement que le groupe de réflexion ayant conduit au « rapport Meadows »*. Il ne s'est pas contenté de démontrer l'instabilité de la situation globale, il en a souligné le caractère insensé. Il n'est pas question que de ressources. Il est question de direction et de signification. Ses nombreux écrits politiques[2] montrent, bien sûr, son attention particulière aux conséquences parfois délétères des travaux scientifiques mais, plus profondément, ils révèlent une sensibilité exacerbée à l'absurdité du suicide qui s'initiait avec l'assentiment de presque toutes et tous.

* Ce document du MIT annonçait il y a plus de cinquante ans le drame qui est aujourd'hui avéré. Denis Meadows a récemment déclaré que de tous les scénarios envisagés, c'est « manifestement celui de l'effondrement qui l'emporte ».

Grothendieck a peut-être seulement sous-estimé les dommages collatéraux. Il rappelait qu'en tant que telle, la chute de notre société lui semblait finalement souhaitable compte tenu de son caractère singulièrement prédateur. Il n'était évidemment pas question pour lui de se réjouir avec cynisme ou sadisme d'un probable effondrement à venir mais, bien plutôt, de rappeler à juste titre que notre civilisation n'est pas la seule civilisation digne de ce nom et qu'il serait sain de concilier un peu d'humilité avec un peu de perspicacité. Une migration sociétale drastique pourrait, en soi, constituer une excellente nouvelle et il était légitime qu'une certaine sérénité prévale alors dans l'engagement. Sans doute avait-il déjà compris qu'aucun peuple n'a été, du point de vue de la biosphère, aussi meurtrier que le nôtre. Mais Grothendieck ne disposait pas encore de la vision systémique globale qui, depuis, a établi la fermeté du réseau des interdépendances. En se totalisant, notre civilisation a perdu la plasticité qui la préservait et, surtout, qui épargnait encore un certain

« dehors ». Son intuition était correcte et magnifiquement anticipatrice. Mais la situation se révèle bien pire que ce qu'il lui était possible de percevoir.

Qu'une posture ou une position soit radicale ne la discrédite en rien. Tout au contraire, la radicalité réfère, étymologiquement, à la compréhension de l'origine, à la prise en compte scrupuleuse de la racine. En ce sens et à ce titre, la très pointilleuse et généreuse radicalité de Grothendieck demeure exemplaire. Il a posé avant l'heure les jalons d'une remise en cause sincère des prémisses de nos raisonnements. Avec l'incorrection du savant et l'assurance de l'ingénu. Plus remarquablement encore, cette clairvoyance écologique* – adossée à la « mise en monde » d'un authentique miracle mathématique – s'est déployée parallèlement à une réflexion très profonde sur le rêve, l'immatériel

* Le terme est impropre. Il est ici utilisé à son sens commun et ce à quoi il réfère est clair. Mais c'est la logique même qui le rend pensable qui pose problème. Le mot « écologie » renvoie à un discours de nature économique. Ce rapport à la vie est déjà le signe d'une faillite latente.

et la métamorphose. Ainsi, bien sûr, qu'une minutieuse critique du rôle social de la science*.

Gilles Deleuze, évoquant des entités fictives dessinant les plans d'immanence de la philosophie, a forgé la notion de « personnage conceptuel ». Sans doute, à l'extrême inverse, Alexander Grothendieck pourrait-il être pensé comme l'unique exemple d'une « idée perceptuelle ». Une idée, sans conteste, puisqu'il s'agit avant tout d'une représentation, voire d'une élaboration formelle, fictive néanmoins, puisque précisément incarnée, humaine et mortelle. Une idée qui ressent. Qui persiste et insiste. Une idée trop vaste pour son monde.

Il y avait une forme de magnanimité modeste, presque d'abnégation pudique, dans l'intransigeance acérée de Grothendieck. Il savait que le niveau de prise de conscience de chacun dépend de la rigueur de sa pensée, mais également de ses aspirations et de ses présupposés. Il ne

* L'enregistrement de sa magistrale conférence « Allons-nous continuer la recherche scientifique ? », donnée au CERN en 1972, est aisément accessible sur Internet.

demandait ni l'universalisation de son analyse ni la généralisation de son engagement. Il se savait, paradoxalement, participer lui aussi au « bruit » qu'il condamnait par ailleurs. Ni vraiment modèle, ni tout à fait exemple, Grothendieck est un roi tragique. Un empereur déchu de son propre gré, une épiphanie d'amour suicidé dans un réel trop laxiste pour le recevoir.

Un hiatus au cœur de la langue.

Il y a du Glenn Gould chez Alexander Grothendieck. Même ascèse dans l'insolente facilité. Même austérité dans l'insoutenable élégance.

La théorie de Galois n'est pas une fugue de Bach. Des passes, pourtant, entre deux mystiques rigoristes et prodiges. Virtuoses par nécessité.

Au-delà de ses découvertes sur les topoï, sur la théorie des schémas, sur la cohomologie étale ou sur la topologie modérée, au-delà de sa vision limpide des effondrements à venir, au-delà de son incomparable capacité à braver le construit, Grothendieck demeure aujourd'hui

– et avant tout – l'exemple magique du traître tant attendu. Hermétique à toute forme de corporatisme, capable de penser contre ses intérêts, en porte-à-faux assumé avec ses propres compétences, dissident jusque dans sa philosophie des mathématiques, il a osé – pour le meilleur – trahir l'expectative et l'héritage. Défier les siens, dénier ses liens.

Déplaire par droiture, décevoir par intégrité.

Grothendieck, comme un nuage improbable pour tamiser la lumière écrasante d'un jour de canicule.

Grothendieck, comme une ralentie sinueuse dans le flux fuyant d'un réel frénétique.

Grothendieck, comme une folie éclairée qui décille sur un monde aliéné.

Grothendieck, comme une méprise salutaire et bientôt vitale.

Un impossible métabolisé. Une contre-infection fragile.

Grothendieck : un don de retrait.

L'hypothèse K.

Pauvre Prométhée.

Depuis des millénaires, il gît à la merci de l'Aigle caucasien. Lentement dévoré, sur ordre de Zeus, pour avoir dérobé le feu sacré afin de l'offrir aux humains jusqu'alors réputés démunis.

Mais, pour qui sait entendre la complainte discrète et insidieusement mélancolique des muses, depuis quelque temps, il semble souffrir d'un nouveau mal. Plus diffus que le supplice infligé par ses comparses de l'Olympe, il prend la forme d'une nausée sourde et profuse. Un doute qui, peu à peu, devint une conviction et se mua subrepticement en culpabilité : dévoiler aux humains les secrets d'Athéna – leur enseigner les ruses de la technique sans qu'ils maîtrisent la modération, la sagesse et la prudence qui constituent les autres apanages cardinaux de la divinité poliade – créa un monstre, une sorte de chimère, d'un genre nouveau.

Bien sûr, Prométhée s'est amusé des innombrables réécritures et interprétations de sa légende. Eschyle lui semblait génial et Hésiode émouvant. Platon l'impressionnait – quoiqu'il exagérât un peu le rôle d'Épiméthée. Paradoxalement, il était ému par la longue énumération des talents animaux qui traversait le *Protagoras*. Théophraste le flattait et il ne détestait pas cela. Hobbes l'agaçait par son côté sentencieux et grandiloquent. Bachelard le réjouissait tendrement et Anders l'effrayait. Mais c'est Goethe qui, plus profondément que tous les autres, le laissait songeur, presque stupéfait. Ahuri ou sidéré.

Depuis le temps que son foie est chaque jour méticuleusement rongé par les rapaces avant de se reconstituer la nuit durant, il a vu passer toutes les variations possibles sur la singulière fable dont il fut le héros malgré lui. Et aucune n'a véritablement capturé sa profonde mélancholie ni exprimé son terrible chagrin.

Plus que le châtiment infligé par Zeus, plus que la bêtise des humains, plus que l'âpreté des rapaces, plus que la lâcheté des Titans, plus que la peur de l'éternité, c'est de n'avoir pas compris la dynamique propre de son joyau que Prométhée s'affligeait. C'est d'avoir cru que l'outil n'était qu'un outil. C'est d'avoir négligé l'*autonomie* que la technique, bientôt, gagnerait.

Loin de Japet et de Thémis, caché d'Atlas et de Ménétios, dérobé aux indiscrétions de Deucalion, Prométhée aurait confié à Héraclès son ultime stupéfaction : cette folle idée que les humains s'étaient inventée et selon laquelle ils seraient seuls détenteurs du savoir-faire virtuose. Naturellement, qu'aucun aède n'en ait douté et qu'aujourd'hui encore nombre de philosophes la tienne pour acquise ne dit pas rien de l'arrogance aveugle et un peu veule de celles et ceux qui se crurent définis par la maîtrise prométhéenne.

Qu'ils ne maîtrisent précisément plus du tout.

Certes, une intelligence artificielle n'a pas permis aux machines de prendre le pouvoir. Nous ne vivons évidemment ni dans la matrice ni sous le règne des *terminators*. Nous ne sommes pas les esclaves de *Skynet*. Soit. Il n'en demeure pas moins tentant de suggérer qu'une certaine indépendance technique[1], aux conséquences dévastatrices, s'est lentement déployée jusqu'à constituer aujourd'hui une menace existentielle*.

La question technique n'est pas une question parmi d'autres. Sur les pas pionniers de Nietzsche et de Heidegger, elle a acquis un statut très particulier en philosophie contemporaine. De Bernard Stiegler à Jean-Luc Nancy, de Gilbert Simondon à Jacques Ellul,

* Rappelons que les mots de « menace existentielle directe » pour décrire notre situation furent utilisés par le secrétaire général de l'ONU.

elle constitue une préoccupation intellectuelle majeure de notre temps en cela qu'elle semble simultanément définir *et* défaire l'humanité.

Que le pullulement technique, en son sens le plus large, soit devenu l'un des facteurs essentiels de l'effondrement des conditions d'habitabilité – comme d'intelligibilité – de la planète ne fait guère question. Plus audacieuse et signifiante serait donc l'hypothèse d'une relative autonomie de ce phénomène. Elle peut être étayée par de multiples arguments fondés sur tout le déploiement de notre histoire : nous sommes, en un sens, devenus les hôtes consentants d'un processus qui nous dépasse largement[2]. Des machines construisent des machines, des programmes conçoivent des programmes. Avec notre entremise et sous notre contrôle, naturellement. Si, néanmoins, quelque chose d'essentiel nous échappe dans cet emballement insensé, c'est peut-être parce qu'il a précisément acquis une dynamique propre qui ne semble plus obéir à un plan ou à un dessein préétabli.

Séparatisme.

Il n'est pas aberrant de penser la catastrophe écologique à l'aune d'un déséquilibre devenu intenable – au profit de la seconde – entre poussée artistique et pulsion technique. Si la première doit être ici comprise comme une épiphanie continuée de culture et de porosité aux innombrables visages de l'altérité, la seconde référerait davantage à un désir impérieux d'appropriation de la puissance d'agir. Un hubris inflationnaire. La spécificité de la production techno-logique tient en ceci qu'elle peut, en partie, s'affranchir de ses créateurs. Nous serions, partiellement, devenus les esclaves – au moins les serviteurs – résignés d'un mécanisme expressément parasitaire[3]. La symbiose s'est rompue.

Plus fondamentale encore serait sans doute la conjecture d'un développement littéralement cancéreux de la production technique.

Puisqu'en grec ancien *karkinos* désigne le crabe, cette proposition pourrait être nommée « hypothèse K. ».

Les caractéristiques des cellules cancéreuses[4] s'appliquent, pour l'essentiel, aux entités techniques dès lors que le « corps » dont elles sont issues est redéfini de façon à inclure les productions humaines dans une organicité hybride. Mutations, métastases, prolifération… Les cellules malignes vivent leurs propres mécanismes de sélection. Elles échappent à l'homéostasie comme à la sénescence. Elles ont évidemment besoin de l'hôte pour exister mais elles n'en dépendent plus que marginalement, jusqu'à son trépas. Ainsi en va-t-il, au moins en partie, de nos machines.

L'idée est intéressante si elle dépasse la simple métaphore. Ce « tiers état » de la matière obéit à une logique spécifique. Pour malignes qu'elles soient, les cellules cancéreuses n'en demeurent pas moins évolutives et capables d'adaptation. Par certains aspects, elles constituent – dotées d'une forme d'immortalité perverse* – ce qui peut être pensé comme une « version plus avancée de nous-même[5] ». Quoique profondément absurde. La cellule pathologique se fait obstinément individualiste, elle ne se soucie plus du corps qui l'héberge. Affronter le cancer, c'est « rencontrer une espèce parallèle, peut-être plus adaptée à la survie que nous le sommes nous-mêmes[6] ». Quoique de façon détournée, la logique fondamentale de l'évolution prend ici sa forme paroxystique. La maladie n'est *pas* purement clonale : elle se révèle bien, comme l'avait suspecté Galien, fondamentalement systémique. Elle avance de façon souvent erratique et imprévisible. Étonnamment, tous les fondamentaux de la prolifération ingénierique sont réunis.

L'après-guerre et la lutte contre les lobbies du tabac et de l'alcool ont montré que si l'élimination du carcinogène – c'est-à-dire des causes – constitue sans conteste la manière la

* Des cultures de cellules cancéreuses ont permis de poursuivre le développement de ces dernières plusieurs dizaines d'années après la mort du patient.

plus efficace d'endiguer les cancers, elle se fait aussi la plus socialement complexe à implémenter. La situation se répète aujourd'hui avec les pollutions diverses qui contribuent significativement à diminuer l'espérance de vie, en particulier d'ailleurs en contribuant vraisemblablement à plus de 10 % des cancers[7]. Ce qui ne manque pas d'ironie : le cancer technique relèverait presque, en ce sens, d'un méta-cancer puisque, entre autres méfaits, il se révèle profondément favorable à l'émergence de cancers biologiques ! Curieusement, et très inconséquemment, les mesures préventives – et le sentiment de privation de liberté qui les accompagne inexorablement – nous sont souvent beaucoup plus difficiles à accepter que les efforts curatifs, aussi désespérés ces derniers soient-ils parfois.

La cellule cancéreuse peut donc être vue comme une « machine dérangée[8] » : grossièrement, les oncogènes sont analogues à des accélérateurs coincés à fond et les suppresseurs tumoraux inactivés s'apparentent à des freins faisant cruellement défaut. Un automate fou, certes, mais pas inefficient. Insensé, mais pas impuissant. Dans sa quête frénétique – et réussie, tant que le patient ne succombe pas – d'immortalité, le cancer interroge la normalité en tant que telle. Parangon du paradoxe de Canguilhem[9] : anormal ou anomal ?

Pour toutes ces raisons, penser le développement technique comme un processus métastatique – c'est-à-dire « au-delà du calme » – ne relève peut-être pas d'une simple analogie. Plus que de similitudes, il s'agit, semble-t-il, d'une véritable homologie.

Ce nouveau cancer se baptiserait : *promé-thome*.

Les braises étaient malignes.

Si ce diagnostic est juste, quelques importantes leçons peuvent en être tirées. L'analyse de Donella Meadows[10] montre que face à la catastrophe écologique, seule l'identification des « points leviers » permet d'espérer une issue décente. Ceux-ci ne peuvent être reconnus que si l'agencement complexe des interdépendances est mis en lumière. Encore faudra-t-il, *in fine*, les utiliser dans le « bon » sens : Meadows a beau jeu de rappeler que la croissance économique a été, depuis longtemps, comprise comme étant un levier essentiel mais que, hélas, c'est presque toujours du côté délétère de la bascule que nous continuons d'appuyer !

Quels enseignements l'oncologie nous offre-t-elle ? Quelles clefs la compréhension des cancers biologiques donne-t-elle pour appréhender le techno-cancer, le *prométhome* ?

D'abord, le cancer n'est pas toujours autonome. La croissance peut être soutenue et propagée par la fonction hormonale de l'hôte[11]. Se cache ici un ressort important, une forme d'hétéronomie auto-induite qui peut aider à combattre le pathogène. Les complices sont parfois cachés dans la citadelle et il convient de le garder en mémoire. Chacun est à soi-même son cheval de Troie et l'*homo homini lupus* vaut à l'échelle des civilisations. À ceci près que le loup a pris la figure de la proie.

Ensuite, et plus profondément, l'histoire de la médecine montre que la seule intervention ayant jamais permis de réduire drastiquement la mortalité d'une maladie est la prévention[12]. Face à un carcinome pulmonaire comme face à un techno-cancer, il s'agit d'un levier extraordinairement puissant mais nécessitant d'affronter, d'une part, les groupes de pression et les inerties systémiques et, d'autre part, obligeant à mettre sur la table la question délicate, pour ne pas dire taboue, de la *valeur* d'une vie. Cette approche simple et presque évidente, singulièrement efficace pour contrer, par anticipation, le développement mortifère, s'est avérée, en pratique, être l'une des plus difficiles à mettre en place. La volonté délibérée de l'industrie de la cigarette, par exemple, de semer le doute pour neutraliser l'évidence des faits fut mise en lumière par un rapport interne de la FTC en 1969. La même astuce fut utilisée par nombre de pétroliers à l'origine d'un large pan de la désinformation alimentant le climato-négationnisme. Elle demeure l'arme essentielle de toute une technosphère craignant plus que la peste l'émergence d'une réflexion sur le sens et sur les finalités. Dans ce cas, il s'agit moins d'un choix délibéré de cacher les risques que d'un désir farouche de ne surtout pas penser les significations. Ce qui revient *in fine* au même. Le cynisme crasse ayant laissé place à une délictueuse frivolité. Au seuil de la désinvolture.

De l'intelligence artificielle aux nouvelles générations de téléphonie mobile, en passant par les gadgets connectés, l'unique question qui n'est jamais discutée par les experts et les expertes, et qui serait pourtant la seule méritant de l'être véritablement, se résumerait à : « Veut-on le faire ? » L'hypothèse implicite d'une évidente désirabilité de toute forme d'artificialisation n'est pas seulement fausse, elle est proprement coupable. Nous inventerons quelques « contre-mesures » pour amoindrir tel ou tel effet secondaire délétère mais nous n'envisageons jamais sérieusement la prévention. Quand les machines ou les programmes sont en croissance tumorale, pratiquement plus rien ne peut être entrepris.

Le Sénat français a récemment autorisé l'activation à distance des microphones et caméras des téléphones portables, à l'insu de leurs utilisateurs, dans le cadre de certaines enquêtes. Nouveau foyer métastatique donc : le cœur de l'intimité, livré à Google comme à la police. Signe de l'imminence de la phase terminale ?

Il n'est évidemment ni utile ni souhaitable de « détruire » l'arsenal technique qui nous est aujourd'hui accessible. Cela fait maintenant partie du monde et personne ne souhaite « revenir à l'âge des cavernes », suivant l'expression consacrée. Mais il est possible d'anticiper les nouveaux foyers malins. Il est, à tout le moins, autorisé d'envisager de prévenir le déploiement du cancer plus que de s'engouffrer dans les modalités d'un guérir incertain.

L'approche symptomatique ne fonctionne jamais au long cours, l'investigation doit devenir étiologique. Et téléologique. Autrement dit : sans penser les causes et les fins, traiter les seuls signaux externes relève d'une prise en charge réanimatoire sans ambition thérapeutique claire.

Enfin et surtout, l'oncologie nous apprend que face à un ennemi de cette taille – face à « l'empereur de toutes les maladies* » – il n'existe aucune solution simple et unique. Ni la chirurgie, ni la chimiothérapie, ni la radiothérapie, ni l'immunologie ne peuvent, à elles seules, venir génériquement à bout d'une affection, pour ne pas dire d'une affliction, si profondément « totale » qu'elle s'avère souvent capable de renaître de ses cendres. Même les thérapies ciblées se révèlent intrinsèquement lacunaires et ne font sens qu'au sein d'un jeu complexe d'ajustements et de rétroactions incessantes. La leçon est simple mais vitale : en phase métastatique – et notre *prométhome* a atteint ce stade depuis longtemps – il ne suffit plus de traiter les effets. Il ne suffit même plus de recourir à des moyens « radicaux ». Tout autre chose est nécessaire.

Il faut non seulement multiplier les affrontements dans une compréhension à la fois

* Tel que le nomme l'immunologiste et médecin Siddhartha Mukherjee.

globale et locale de l'effondrement – ce qu'on pourrait définir comme un engagement fractal – mais il est surtout indispensable, et c'est là le point essentiel et délicat, de redéfinir la victoire. Explicitement suggérée dans le cadre de la cancérologie[13], l'idée ne signifie évidemment pas qu'il faille s'en tenir à une résignation joyeuse et se contenter d'un effort sémantique ou conceptuel en laissant la maladie progresser impunément. Elle suggère plutôt de composer avec la finitude. De se départir du rêve – ou du songe – d'universalité exhaustive[14]. D'oser penser au-delà des ajustements.

Voilà ce que la technique nous a fait oublier : nous ne sommes pas Dieu. Ce n'est pas triste, c'est être en vie. La beauté s'élabore inévitablement sous la contrainte, ce que rappelle d'ailleurs le sens même du mot existence. Ce n'est pas abdiquer que de le saisir : c'est tout à l'inverse choisir de cheminer sans œillères dans un réel plus riche et flamboyant, mais aussi plus fragile, que nous l'avions imaginé. La poésie, une fois de plus, n'aurait rien ici d'une ornementation. Elle serait le lieu, ou le mode, de concrétion et de rencontre entre soumission et démiurgie, entre abandon et intransigeance. Elle constituerait le plus évident rappel de ce que, pour surmonter notre morbidité collective, il faut prendre la peine de déconstruire les signaux mécaniquement interprétés dans le cadre qui, précisément, génère le syndrome. Autrement dit : la question pertinente ne consiste pas à trouver de nouveaux moyens pour endiguer les décroissances ou frugalités qui ne manqueront pas de s'imposer, mais de comprendre que ces défaites apparentes sont des victoires qui s'ignorent encore comme telles.

Paradoxalement peut-être, les cancers biologiques et le cancer technologique ont également cela de commun qu'ils constituent d'extraordinaires vexations.

Les premiers ont marqué les limites d'une invincibilité fantasmée. Alors que le début de la deuxième moitié du XXe siècle semblait promettre tous les miracles par innovations ingénieriques – des programmes Apollo aux avions supersoniques –, aucune débauche de moyens, aucun programme d'excellence lancé en grande pompe, aucune annonce politique de priorité nationale n'est parvenue à venir à bout de la malignité métastatique. La question n'est pas de savoir si l'on sera tué par un cancer mais plutôt si l'on aura la chance de vivre suffisamment vieux pour que cela se produise*.

Le second, le *prométhome*, se révèle plus humiliant encore. Moins fondamentalement lié à nos corps que le premier, il nous nargue par son extériorité patente. Apparemment, mais trompeusement, vulnérable. Avec une nonchalance quasi narquoise, il se déploie *urbi et orbi*.

Si cette « hypothèse K. » est fausse, il serait temps d'en faire la démonstration par les faits. De prouver que nous sommes encore capables de mettre fin au pullulement des machines et des programmes lorsqu'à l'évidence ils nous nuisent. Rien ne se profile en ce sens. L'aberration devient même cocasse : depuis peu, la qualité des intelligences artificielles

* Des écarts à la tendance globale existent naturellement et certains cancers frappent, hélas, les plus jeunes.

semble décroître légèrement dans certains domaines, pour une raison particulièrement succulente. Internet étant inondé d'images et de textes générés par des machines, les algorithmes commencent à ne plus s'« entraîner » sur des photographies réelles ou des créations littéraires authentiques mais sur les ersatz générés par ces mêmes codes informatiques ! La boucle absurde de la déréférentialisation s'exhibe dans son absoluité sale.

Si, au contraire, la conjecture était correcte, il serait opportun de tirer quelques leçons de la médecine, de tempérer notre arrogance « à fleur de peau » et de se préparer à une situation particulièrement intriquée. Potentiellement, tout peut ici jouer à contre, le dosage est essentiel : si la radiothérapie est efficace pour certaines tumeurs, elle est aussi susceptible d'engendrer des cancers radio-induits. Le chemin est critique, étroit, presque exigu. Il est à la fois question de le suivre, avec précision, et de s'autoriser les errances hors des sentiers battus. Donner une chance à l'interruption du processus métastatique *en lui-même*.

Améliorer la « médiane de survie » n'est ni possible, ni souhaitable, sans entrer dans la dimension profondément technosomatique du problème.

Onkos, en grec, référait littéralement à la masse, au corps pesant. Au sens figuré, il s'agissait plutôt d'orgueil et, parfois, de l'ardillon à l'empennage d'une flèche. Il est donc question, comme toujours, de la gravité et de ce qui la défie. Du poids de la pensée. L'*onconomie* – puisqu'il s'agit avant tout de loi – du productivisme reste à inventer.

Le *primum non nocere* ingénierique n'a pas encore été formulé. Pour « d'abord ne pas nuire », il faudrait que la nuisance soit définie et que la causalité soit maîtrisée. Il n'est question ni de serment ni de sermon mais de désirs et de valeurs.

Le *prométhome* requiert une poiësothérapie ciblée.

Sans doute la science peut-elle, ici aussi, être vue comme le poison et le remède. *Pharmakon*, une fois de plus. Mais il s'agit moins d'une question de volume que d'un effet de sens et de modalité. De convivialité, peut-être. De grâce ou de finesse, certainement.

La science, ne l'oublions pas, pourrait être tout autre sans se perdre : se détourner pour se retrouver.

K., ce n'est évidemment pas que le cancer. C'est aussi une lettre qui vaut pour un homme, pour une œuvre, pour un monde : Franz Kafka.

Chacun des personnages principaux des trois grands romans de Kafka s'étiole, lentement mais inexorablement, jusqu'à s'instancier et se désincarner dans la figure famélique et nominale du K.

Lorsqu'il se réduit à sa seule initiale, à l'issue d'un processus implacable, le protagoniste est déjà largement déshumanisé. Comme en déréliction dans un réel insignifiant. Seul, face à l'impitoyable d'un mécanicisme généralisé. La silhouette brisée du K. comme métaphore d'une humanité fracassée par un système devenu précisément autonome dans sa folie froide et foisonnante.

K. se tient toujours au seuil du sens. Il s'attend « aux limites de la vérité[15] ».

Le K. du *karkinos* n'est pas hétérogène au K. de Kafka.

Les K. se mirent et s'emboîtent, en images spéculaires.

Ils se disséminent aussi : Kateb, Khatibi… penseurs de l'impensables ou plutôt de l'indicible, voire de l'ineffable. Utiliser la langue de l'ennemi, contre l'ennemi et mieux que l'ennemi. Ce à quoi *karkinos,* lui aussi, excelle vis-à-vis de son hôte.

Dans ses lettres, l'auteur du *Procès* ne semble avoir utilisé l'initiale K. seule qu'à deux reprises[16] : pour référer à Kierkegaard – grand penseur de la catastrophe civilisationnelle – et pour signer la longue missive qu'il adressa aux Européens, suggérant la profonde dépersonnalisation qui s'annonçait.

Hypothèse Kafka : angoisse légitime de l'absurde, conjurée ou affrontée par une poétique de l'attente. Exhortation à se tenir, à se retenir, à se contenir « devant la loi ».

Aliénation de la subjectivité performée par l'objectivation sociale.

Hypothèse K. : peur de comprendre et peur de ne pas comprendre. Solitude interdite face à l'engrenage carcinotechnique d'une réification holistique. Sur la peau du monde. Descartes pris à revers : « Je pense, donc je suis exclu[17]. » Contrepoint d'admiration et de dégoût, à l'instar de Günther Anders lecteur du *Procès*[18]. Le kafkarkinos désabuse souvent et répugne parfois. Il est ambivalent par essence et aporétique par défi.

Chez Soljenitsyne, le Pavillon des *K*ancéreux est un pavillon des *K*afkaïens. Apprentissage – forcé, brutal, cruel – de l'humilité. Revisitation du sens à l'aune d'un commun tragique. En étincelance déchue.

Kafka ne se contente pas de pousser la philosophie dans ses retranchements. Il lui ôte son dessein, il la détourne de la Vérité, il lui confisque ses fantasmes. K. s'enfonce dans une culpabilité secrète à mesure que le cancer-monde envahit l'espace qu'il arpente. Il compose avec un réel plurivoque, éclaté ou déchiré par le praxinoscope universel. Pour qu'il y ait mosaïque, encore faut-il une matrice sur laquelle ancrer les tesselles.

Dénaître n'est pas mourir.

Jouer K. contre K.

Qui s'est cru seigneur se découvre simple outil de son propre dispositif.

Hypothèse K. : prolifération technométastatique du cancer numéricomachinique porté par un hôte-humain hébété et engourdi mais déjà symptomatique. Croissance tue-morale. Espoir ou désir d'une thérapie bégayante qui pense l'organicité au-delà de l'organe et la guérison par-delà la rémission. Tirant, douloureusement, les leçons d'une médecine devenue modeste malgré elle. Lucidité kafkaïenne, maussade mais clairvoyante, comme invite à exorciser l'absurdité inertielle et objectale par une obstination fragile et poétique. Révision drastique des règles du jeu pour contrefaire une partie perdue d'avance.

Habiter poétiquement le monde

Ni un drame écologique, ni une crise climatique, ni un délitement social : une catastrophe civilisationnelle. Ainsi ouvrions-nous ce bref essai. Quelles conséquences en tirer, au-delà des seules sciences ? Régime d'aliénation éparpillée. Pas seulement ingérable mais également insouhaitable[1].

Le technosolutionnisme rate si profondément la problématique qu'il contribue activement à l'effondrement qu'il feint de vouloir endiguer.

L'enjeu, c'est en tout cas l'hypothèse ici défendue, ne peut que se révéler fondamentalement poétique s'il est considéré avec sérieux et dans toute son étendue. Non pas accessoirement ou métaphoriquement mais principiellement et littéralement.

Construire, donc, une cosmopoétique de l'espace ou, sans doute plus précisément, une chaopoétique du réel. De la *Théogonie* d'Hésiode à la physique statistique de l'Univers en expansion, le temps a toujours eu à voir avec le désordre. *Chaos*, en grec, réfère d'ailleurs également à la béance qui permet la création.

Mais que peut aujourd'hui signifier « habiter poétiquement le monde », comme nous y enjoignait Hölderlin ? Il faut le faire. Cela, me semble-t-il, ne fait plus doute. Mais qu'est-ce que le faire ?

Tout à l'inverse d'une posture stylistique ou d'un fantasme romantico-nostalgique, il ne peut s'agir que d'une injonction ou d'une exigence. D'une anxiété aussi. D'une angoisse, inévitablement.

Quel commun entre la lecture d'un sonnet de Ronsard et l'élaboration d'un tiers-lieu alternatif qualifié de « poétique »[2] ?

Certainement pas la beauté. Peut-être, au contraire, une certaine manière de n'avoir pas besoin de la beauté. Ou, ce qui revient au même, un savoir-indexer-le-beau-à-l'existant. Ce qu'on pourrait encore formuler : jouer Kant contre Kant. Et Genet avec Genet.

Vagabondage à l'orée de la convenance. En lisière du licite.

En vie.

Habiter poétiquement le monde, c'est aussi, nécessairement, être poétiquement habité par le monde. Bi-perméabilité.

Devenir poreux à l'infime. Ouvert à la déterritorialisation. Gorgé de là et de loin.

Le *poiesis* est, certes, un faire. Mais l'étymologie peut s'avérer trompeuse : il est aussi, justement, question de savoir ne surtout pas faire.

Non pas de défaire mais de suspendre. De surprendre. D'interrompre. De cheminer en syncope de soi. En cessation de fatuité.

C'est donc d'une *sémio-poiesis* qu'il s'agit : créer des signes. Catalyser leur pullulement.

Être poète ce n'est pas nécessairement écrire – suivant ce régime de précision extrême, de rigueur obsessionnelle, de connaissance et de transgression des règles, qui caractérise le genre littéraire diffus et polymorphe nommé « poésie ».

Ce serait, au-delà ou en deçà, un vœu de subversion du banal et de perversion de l'attendu. Ce serait une connivence avec l'indice. En affidé du stigmate et complice du symbole.

N'avoir plus peur de la prolifération des centres. S'innerver de la singularité de l'ordinaire. Se repaître de déchirures continuées.

Une désinsertion sans désertion.

Un normatif qui affronte le constatif. Puis s'échoue, aux rives de l'inventé.

Il serait un peu facile de nommer cela une « esthéthique ».

Plus explicitement peut-être : un goût pour l'interstice, un amour du hiatus, un penchant pour la césure.

Un habiter-la-faille. En tant qu'elle fraye une passe résolument vicinale.

Ne plus voir sans s'émouvoir, ne plus entendre sans s'astreindre. Et s'attendre aux frontières du signifié.

Une exigence, une ek-sistance. Une contre-raison qui trahit l'origine et l'héritage.

Volonté farouche de penser contre, à l'ombre de l'autre. En extase de.

Savoir et sentir que toute chose est plus qu'elle-même. Ne pas effondrer l'être dans la mesure. N'avoir plus à craindre de frôler le dis-séminé. Jouer avec l'inconfort et composer avec la finitude.

Renversement du performatif : l'événement fait la langue.

Finalement : tout recevoir mais ne rien accueillir qu'à l'affût du toucher. En bandit du *logos*, en brigand du *nomos*. Avec tact et intransigeance. Aux confins du sensible.

Faire corps avec le monde. Faire monde avec les chœurs.

Sans concession ni indulgence : un savoir s'étonner à l'aune de l'enfoui. Un percept amoureux.

CONCLUSION

C'est une évidence qui, semble-t-il, ne mérite même pas d'être énoncée : face à la catastrophe écologique – comme face à toute question sociétale signifiante –, il faut plus de science. Elle seule nous sauvera. Vraiment ? Cela ne va pas de soi.

La science n'est pas, intrinsèquement, dans le « camp du bien ». Le fait est qu'elle devient aujourd'hui l'acolyte privilégié de l'artificialisation globale du monde et, par conséquent, de l'éradication physique et symbolique de la vie. Ce n'est pas exactement un détail.

Elle n'est évidemment pourtant pas non plus dans le « camp du mal ». La beauté et la grandeur de ses inventés ou de ses esquissés ne fait pas même débat.

La science est sur la brèche. Elle hésite, elle titube. Elle implore d'être *pensée* et non plus seulement *utilisée*. Abandonnée à elle-même, elle ne peut que se faire, pour l'essentiel, outil de corroboration et de déploiement de l'ordre dominant.

Quand Heidegger écrivait que « la science ne pense pas », il la considérait comme intrinsèquement, absolument, irrévocablement, antagoniste à la question axio-onto-logique qui, elle seule, pouvait, selon lui, nous définir. Il avait sans aucun doute tort.

Mais lorsque Bergson ou Kierkegaard comprenaient que l'existence se définit par une extraction face à l'ordre routinier, à l'impensé, au mécaniciste, ils touchaient vraisemblablement juste.

La science *peut* contribuer à cette dynamique créatrice, louable et bienfaisante, *si* elle opte résolument pour une pratique et une réception poétiques. Si donc elle articule l'autonomie de son objet à l'hétéronomie de ses conséquences comme de ses prémisses. Si elle cesse de négliger l'hypothèse K., celle d'un réel *K*afkaïen déjà mutilé par les métastases du *K*arkinos productiviste.

Concrètement, que cela signifie-t-il ? Rien. Rien, parce que cela n'ambitionne précisément *pas* d'être concret*.

Ni un programme, ni une charte, ni une règle. Surtout pas une méthode.

Une respiration, plutôt. Une attente, exactement.

Une invite, une incise.

Une trêve et un souffle.

Un dessein sans *dasein*.

Une inappropriation.

---

* Sans pour autant demeurer tout à fait abstrait, je le précisais précédemment.

Un désir aussi : ne modeler – acteur ou spectateur – la glaise scientifique que dans l'expectative annoncée et assumée d'une révolution du sens. D'une rénovation du signe.

Un rêve ou un devoir de désassimilation.

Un projet : cheminer du polygone scientifique au *Polygone étoilé*.

S'extraire du techno-scientisme solutionniste ne serait pas seulement écologiquement salvateur, ce serait aussi intellectuellement salutaire, et socialement réjouissant. C'est bien là la seule bonne nouvelle : il est possible de gagner sur tous les tableaux.

La sphère technique est sans doute l'unique bulle de l'esprit dans laquelle règne un principe de déraison métastatique qu'aucune autre branche de la pensée humaine ne tolérerait. Elle a érigé en principe fondateur le dérégulateur le plus éthiquement inepte, esthétiquement déplorable mais pratiquement efficace qui soit :

« Ce qui peut être fait doit être entrepris au simple motif de sa possibilité. » Échec et mat.

L'anthropocène est une nécrocène.

Rabelais, peut-être, oserait aujourd'hui : science sans déviance n'est que ruine de l'âme.

NOTES

Bien sûr, bien sûr…

1. Voir l'Indice planète vivante calculé par la Société zoologique de Londres. Le déclin des populations de vertébrés sauvages entre 1970 et 2018 atteint presque 70 %.

2. Voir, par exemple, le dernier rapport de l'IPBES et les références qu'il contient.

3. On les doit, en particulier, à Rodolfo Dirzo, professeur de biologie à l'Université de Stanford.

4. Voir, en particulier, le dernier rapport du GIEC et les références qu'il contient.

5. S. Seibold *et al.*, « Arthropod Decline in Grasslands and Forests Is Associated with Landscape-Level Drivers », *Nature*, 574, 671, 2019.

6. Voir les très nombreuses références données dans R.E.A. Almond, M. Grooten, D. Juffe Bignoli et T. Petersen, Rapport Planète Vivante 2022, Gland, Suisse.

7. T.W. Crowther *et al.*, « Mapping Tree Density at a Global Scale », *Nature*, 525, 201, 2015.

8. K.J. Rosenberg *et al.*, « Decline of the North American Avifauna », *Science*, 365 (6462) 2012.

9. J. Lelieveld *et al.*, « Cardiovascular Disease Burden from Ambient Air Pollution in Europe Reassessed Using Novel Hazard Ration Functions », *European Heart Journal*, 40, 20, 1590, 2019.

10. Voir le dernier rapport de l'INPE et les références qu'il contient.

11. J.M. De Vos *et al.*, « Estimating the Normal Back-Ground Rate of Species Extinction », *Conserv. Biol.* 2015, 29 : 452-62.

12. M. Greenstone, C. Hasenkopf et K. Lee, *Air Quality Life Index,* annual update, June 2022 (Université de Chicago).

13. Voir les analyses du service européen Copernicus.

14. I.T. Cousins *et al.*, « Outside the Safe Operating Space of a New Planetary Boundary for Per- and Polyfluoroalkyl Substances », *Environ. Sci. Technol.* 2022, 56, 16, 11172.

15. Voir les cartes établies par le « Forever Pollution Project ».

16. Voir, par exemple, les publications récentes de Johan Rockström, directeur du Potsdam Institute for Climate Impact Research.

17. K.-W. Seo *et al.*, « Drift of Earth's Pole Confirms Groundwater Depletion as a Significant Contributor to Global Sea Level Rise 1992-2010 », *Geophysical Research Letters*, 50, 12, 2023.

18. D. Meadows, D. Meadows, J. Randers et W.W. Behrens, *Limits to Growth,* The Club of Rome, 1972.

19. Le fait que nous ayons – ou pas – passé le *peak oil* est aujourd'hui très intensément débattu. Aucune réponse consensuelle ne peut être donnée à ce jour.

20. Voir, par exemple, les très nombreuses références données dans T. Parrique *et al.*, « Decoupling Debunked : Evidence and Arguments against Green Growth », European Environmental Bureau, juillet 2019.

21. Voir, par exemple, les exposés d'Arthur Keller et les références qu'il y convoque.

22. On pourra lire les analyses de Jean-Marc Jancovici et les articles qu'il cite.

23. C. Mora *et al.*, « Global Risk of Deadly Heat », *Nature Climate Change* 7, 501 (2017).

24. S.F. Heron *et al., Impacts of Climate Change on World Heritage Coral Reefs : A first Global Scientific Assessment,* Paris, UNESCO World Heritage Center, 2017.

25. Voir les rapports du FAO (Organisation des Nations Unies pour l'alimentation et l'agriculture) et les références s'y trouvant.

26. Voir les rapports du PNUD (Programme des Nations Unies pour le développement) et leurs références.

Et pourtant

1. N. Goodman, *Manières de faire des mondes*, trad. M.-D. Popelard, Paris, Folio, 2006.

2. C. Le Duhec & M. Cornet, « Enquête : derrière l'IA, les travailleurs précaires des pays du Sud », *The Conversation*, 26 mars 2023.

3. Voir, par exemple : S. Chabanne, R. Couillet, C. de Bourmont, P.-T. Demars, V. Girard, J. Mignerey-Koelsch, G. Poissonnier, « Les impacts sociaux du numérique, grands oubliés de la transition écologique ? », GRETSI 2023. La dimension ouvertement néocoloniale de l'IA et du numérique y est, en particulier, explicitement étudiée.

4. Voir l'article d'Alexandre Piquard dans *Le Monde* du 30 mai 2023.

5. M. Caldwell *et al.*, « AI-Enabled Future Crime », *Crime Science* 9, 14 (2020).

6. J. Tang *et al.*, « Semantic Reconstruction of Continuous Language from Non-Invasive Brain Recordings », *Nature Neuroscience*, 26, 2023, 858.

7. Pierre Thuillier, « Contre le scientisme », postface du *Petit Savant illustré*, 1980. Accessible en ligne : https://sniadecki.files.wordpress.com/2010/04/thuillier_scientisme.pdf

L'évident

1. É. Durkheim, *Les Règles de la méthode sociologique*, Paris, Payot, 2009.

L'important

1. Au sens, une fois encore, de Pierre Thuillier, *Contre le scientisme*, Paris, L'impatience, 2021.

2. Voir D. Graeber et D. Wengrow, *Au commencement était…*, Paris, Les Liens qui libèrent, 2021.

3. Voir, là encore, l'ouvrage de Graeber et Wengrow.

4. Voir A. Supiot, *La Gouvernance par les nombres*, Paris, Fayard, 2020.

5. Voir, notamment, Y. Somet, *L'Afrique dans la philosophie*, Paris, Présence Africaine, 2005.

6. Voir, sur ce point, D. Touam Bona, *Sagesse des lianes*, Paris, Post-Éditions, 2021.

7. Voir, notamment, P. Descola, *Par-delà nature et culture*, Gallimard, Paris, 2005.

8. G. Deleuze et F. Guattari, *Mille Plateaux*, Paris, Minuit, 1980.

9. Il existe naturellement de premières tentatives en ce sens, voir par exemple S. Mancuso et A. Viola, *L'Intelligence des plantes*, Paris, Poche, 2020.

10. J.-L. Nancy, *L'infinité du progrès est un mauvais infini*, Paris, William Black and Co. edit., 2022.

11. Voir P. Thuillier, *La Grande Implosion*, Paris, Fayard, 1995.

12. B. Latour, *Le Métier de chercheur, regard d'un anthropologue*, Paris, INRA, 2001 et B. Latour, *Un monde pluriel mais commun*, Paris, Éditions de l'aube, 2003.

13. Voir, par exemple, C.L. Spash (ed.), *Routledge Handbook of Ecological Economics : Nature and Society*, Abington et New York, Routledge, 2017.

14. I. Illich, *La Convivialité*, Paris, Points, 2021.

15. J.-L. Nancy, *L'Adoration*, Paris, Galilée, 2010.

16. F. Neyrat, *Le Communisme existentiel de Jean-Luc Nancy*, Paris, Lignes, 2013.

17. M. Serres, *La Naissance de la physique dans le texte de Lucrèce,* Paris, Minuit, 1977.

18. A. Barrau, *Trahir par amour*, actes du colloque « Qui a peur de la déconstruction ? », Paris, PUF, 2023.

L'exemple

1. Voir les travaux du philosophe des sciences Thomas Kuhn et quelques extensions proposées dans A. Barrau, *De la vérité dans les sciences*, Paris, Dunod, 2023.

2. C. Thomas, *Paléosophie – La Grande Aventure de l'humanité dans le tourbillon technologique et notre nécessaire reconnexion à la Nature et à notre nature primordiale*, 2020, DOI : 10.13140/RG.2.2.20042.93123, p. 59.

3. Voir, notamment, S. Kauffman & A. Roli, *Entropy*, 23 (11) 1467, 2021. Puis les développements de Lee Smolin, George Ellis, etc.

L'impossible

1. Voir l'édition récente de *Récoltes et Semailles* chez Gallimard. Le texte ici reproduit a été initialement publié dans A. Barrau, *De la vérité dans les sciences*, *op. cit.*

2. Voir, en particulier, le journal *Survivre et Vivre* auquel il participa activement.

1. Voir C. Thomas, *op. cit.*

2. *Ibid.*

3. *Ibid.*

4. Voir P. Giraud & J. Trédaniel (ed.), *Cancérologie*, Med-Line éditions, 2021, p. 30.

5. S. Mukherjee, *L'Empereur de toutes les maladies*, Paris, Flammarion, 2011, p. 23.

6. *Ibid*, p. 58.

7. Rapport de l'Agence européenne pour l'environnement (AAE) du 28 juin 2022.

8. S. Mukherjee, *op. cit.*, p. 449.

9. Médecin et philosophe, Georges Canguilhem a notamment travaillé le concept de normalité. Un corps est-il malade quand il s'écarte d'une moyenne statistique ou quand il se ressent lui-même comme tel ?

10. D. Meadows, *Leverage Points*, The Sustainability Institute, 1999.

11. S. Mukherjee, *op. cit.*, p. 259.

12. *Ibid.*, p. 284.

13. *Ibid.*, p. 554.

14. *Ibid.*

15. L'expression est de Derrida. Sa signification est étudiée dans A. Barrau, *Chaos multiples*, Paris, Galilée, 2017.

16. J.-P. Lefebvre, *Revue K.*, 22 mars 2021.

17. Voir L. Veinstein, *La Philosophie au cœur de la fiction, dialogue entre G. Anders et F. Kafka*, « Lignes », 2012, 38, 221.

18. G. Anders, *Kafka, pour et contre*, trad. H. Plard, Strasbourg, Circée, 1990.

Habiter poétiquement le monde

1. Texte initialement paru dans *Diacritik*.
2. Voir en ce sens *Les Vies autonomes* de Clara Breteau.

TABLE

Dans la même collection

L'Odyssée des fourmis, Audrey Dussutour et Antoine Wystrach

À paraître :

Les frites viennent des patates, Laure Ducos

Cet ouvrage a été achevé d'imprimer sur Roto-Page
par l'Imprimerie Floch à Mayenne
pour le compte des éditions Grasset
en décembre 2023

Mise en pages
PCA 44400 Rezé

PAPIER CERTIFIÉ

Grasset s'engage pour l'environnement en réduisant l'empreinte carbone de ses livres. Celle de cet exemplaire est de :
400 g éq. CO_2
Rendez-vous sur www.grasset-durable.fr

N° d'édition : 23070 – N° d'impression : 103827
Première édition, dépôt légal : octobre 2023
Nouveau tirage, dépôt légal : décembre 2023
Imprimé en France